FOR2

FOR pleasure　FOR life

FOR2 31

四百歲的睡鯊與深藍色的節奏

在四季的海洋上，從小艇捕捉鯊魚的大冒險

Havboka

作者：Morten Strøksnes（摩頓・史托克奈斯）
譯者：郭騰堅
責任編輯：冼懿穎
封面設計：林育峰
封面插畫：阿尼默
美術編輯：Beatniks
校對：呂佳真

出版者：英屬蓋曼群島商網路與書股份有限公司台灣分公司
發行：大塊文化出版股份有限公司
台北市 10550 南京東路四段 25 號 11 樓
www.locuspublishing.com
TEL：(02)8712-3898　FAX：(02)8712-3897
讀者服務專線：0800-006689
郵撥帳號：18955675　戶名：大塊文化出版股份有限公司
法律顧問：董安丹律師、顧慕堯律師

總經銷：大和書報圖書股份有限公司
地址：新北市 24890 新莊區五工五路 2 號
TEL：(02)8990-2588　FAX：(02)2290-1658
製版：瑞豐實業股份有限公司

初版一刷：2017 年 5 月
定價：新台幣 380 元
ISBN： 978-986-6841-86-6
Printed in Taiwan

四百歲的睡鯊與深藍色的節奏

在四季的海洋上，從小艇捕捉鯊魚的大冒險

Havboka

Morten Strøksnes
摩頓・史托克奈斯—著

郭騰堅—譯

Summer

夏

格陵蘭鯊，是潛伏在挪威沿岸峽灣深處的史前生物，分布海域一路直達北極圈。通常，棲息在深水處的鯊魚，體型比淺水鯊小得多。不過，格陵蘭鯊是其中的例外。牠們的體型比大白鯊還大，因此是世界上最大的食肉鯊（鯨鯊和姥鯊體型更大，不過牠們以水中浮游生物為食）。最近，海洋生物學家發現，格陵蘭鯊的年齡有可能上達四百歲。理論上，我們要捕捉的格陵蘭鯊完全有可能在馬丁・路德的時代就出生了。

9

Autumn

秋

大海對我們呈現出灰藍色、異常冷漠的表情。海面光滑而蒼白，近乎軟弱無力；秋天的空氣清爽、乾淨。挪威西岸峽灣兩側的山頂上，已經覆蓋著白雪。羅浮敦島山壁的輪廓，彷彿是被尖銳的刀刃所割出的，不過其山坡的線條倒是相當柔和，沒有陰影或顯著的對比。西南方的天空，雲朵之間的稜線清楚而分明，讓人想起了大理石。再也沒有比海洋更寬廣、更有耐心的事物了。

89

Winter

冬 157

懸掛大西洋鱈時，我們會盡可能希望天候符合下列條件：清爽、半潮濕的海風、充足但不會產生熱度的光線——攝氏一度或兩度的氣溫，使魚肉循著適當的節奏曬乾、成熟。下點小雨，並不礙事，但要是長時間、豐沛的雨量，就絕對不行了。高手們會將魚背朝向西南方懸掛，使雨水不致滲入魚腹。此外，空氣還不能太過乾燥。溫暖、不流通的空氣，會導致魚肉品質不佳。所幸，史柯洛瓦島極少受最後這種天氣類型所苦。

Spring

春 207

我們的老祖宗登上陸地，但我們體內仍有許多海洋的成分。那使我們具備吞嚥與說話能力的肌肉與神經，可都是在海洋中演進而來的。鯊魚和其他魚類使用肌肉與神經，移動自己的魚鰓。鯊魚與人類——格陵蘭鯊與我們——腦部的神經路徑有著相同的結構。兩顆腎臟與一對耳朵，也是過去在海中生存所留下的紀念品。我們的雙臂與雙腿，則是從魚鰭演進而來。我們，以及絕大多數的動物與鳥類，和魚類所分享的共同性，可都不僅止於皮毛而已。

謝辭 290

註釋 292

你曾進到海源，或在深淵的隱祕處行走嗎？

——《約伯記》第三十八章第十六節

夏

1

三十五億年。從最初，最原始的生物形式在海中長成，到雨果．艾斯約德（Hugo Aasjord）在這個七月下旬的某個週六晚上打電話給我，中間相隔了這麼久的時間。那時，我正在奧斯陸（Oslo）市中心一場晚宴上，周遭人聲鼎沸。

「你看過下禮拜的天氣預報沒有？」他問道。

長期以來，我們一直在等著一種特殊的天氣：這種天氣沒有陽光，並不溫暖，且必須持續有雨。我們所需要的，就是位於博德（Bodø）與羅浮敦群島（Lofoten，即挪威西岸峽灣〔Vestfjorden〕）之間海域的風勢；這是相當不容易的。我們心平氣和地等待著西岸峽灣的風勢平息下來。數週來，我一直關注天氣預報。預報指出會有強風或清爽的微風，但幾乎不曾出現過微風、和風或無風。最後，我幾乎忘記要跟他一起去冒險了。我選擇到奧斯陸慵懶地度假，享受暖熱的白晝與輕柔的夜晚，反而忘了察看天氣預報。

現在，我聽到雨果的聲音；他很討厭講電話，除非有重要的事情才會打電話來。我知道：長期以來的警報，終於要成真了。

「我明天就訂機票，週一下午抵達博德。」我回答道。

「很好，到時候見。」他「嗶」一聲掛斷電話。

我坐在前往博德的飛機上，透過窗戶，望見海面。思緒不斷飛馳。二十億年前，也許，除了幾個遠離彼此的小島以外，整個地球都被水所覆蓋著。至今，海水仍佔有地表百分之七十以上的面積。有人曾寫過一篇文章，表示：這顆行星根本不該叫作「地球」，明明就該叫作「海球」。

直到我們抵達賀爾格蘭（Helgeland）海岸為止，山岳、森林與荒野不斷地在我下方延展。到了那兒，地形景觀驟變成峽灣與擴張、膨脹的大海，直到海天之隔幻化成一道閃閃發亮、與鳥羽顏色極其相似的灰色，融解在地平線上。每次我遠離奧斯陸、一路往北旅行時，總有同樣的感覺：從內陸、蟻垤、樹叢、河川、淡水湖和汩汩作響的沼澤裡解脫出來。來到奔放、一望無際的海邊，就像大航海時代傳遍五大洋，傳遍馬賽、利物浦、新加坡或蒙地維德亞（Montevideo）等港口的老歌那樣，富有韻律、像搖籃一樣規律地震顫著。甲板上的所有人試圖抓握住索具，或揚帆，或調帆，或縮帆。

上過岸的水手，猶如不安分的訪客。或許他們再也沒機會出海；然而，他們的言談與姿勢在在都顯示他們只是進行短期拜訪。他們永遠擺脫不了對大海的渴望。大海對他們的呼喚，必將得到含糊的答案。

我的高曾祖父在離開瑞典內陸、穿越峽谷與高山、開始向西行進時，想必也感受到了這股神祕的吸引力。他就像鮭魚一般，先沿著大河逆流而上，再順流而下，直到抵達大海為止。據說，他這趟旅程沒有任何目的，只想親眼見到大海。然而，他完全沒有回到出生地的打算。也許，他就是無法忍受在瑞典山區貧瘠的高原上，赤裸上身耕作、終其一生的想法。他終於抵達海岸；這一點就可看出，他不只個性剛強，更是個敢於行動的夢想家。他在此建立了家園，然後成為一艘貨輪上的船員。那艘船沉入太平洋海底的某處，船上所有人悉數溺斃。從海底來的人，彷彿就必須回到海裡去。這一切似乎證明了，他一直深知自己屬於那裡。無論如何，只要我一想到他，腦中就浮現這些念頭。

造就亞瑟·蘭波（Arthur Rimbaud）詩篇的，就是大海。大海使他的語言變得更加寬廣，使他創作出〈醉舟〉（Le Bateau ivre，一八七一年）一詩，引領他與其詩篇進入現代。詩中的第一人稱「我」，就是一艘想要無須操舵就能順著大河而下，直達海岸，來到公海，體驗自由之海的老舊貨輪。這艘貨輪陷入狂風暴雨之中，沉入海底，成為大海的一部分：「從此，我沉浸於詩之／海洋，如注入了星星和乳汁，／吞噬著蔚藍色的詩句；／那裡偶爾有沉醉的浮屍；／漂過，如船之殘骸，帶著蒼白的愉悅。」[1]

在機上，我試圖重新建構自己記憶中〈醉舟〉的段落。洶湧的浪濤，彷彿一群歇斯底里的牲畜，衝擊著岩礁。海底，巨鯨利維坦就在漂搖的成串海草間腐爛著，將這條醉舟吸向自己，牢牢用觸角抓住。從暗黑的漩渦之上，這艘船可以聽見抹香鯨發情求歡的聲音。它看到被海蝨和可怕的海蛇、吟詠的金黃魚群、通電流的半月、黑黝黝的海馬圍繞著的爛醉如泥的沉船——人們只能**相信**，他們親眼見過這些東西……船身，使人目眩；她體驗到大海使人恐懼、解放的力量，連續不斷的波濤與浪花，直至進入一陣昏沉、麻木的狀態。就在此時，她開始想念陸地，想回到那個孩提時期所形塑，陰暗、沉靜的池塘。

蘭波十六歲寫下這首詩時，從未真正見過大海。

2

雨果住在史提根（Steigen）縣的天使島（Engeløya）上；我必須從博德搭乘北行的雙體快艇，穿越各群島與懸掛在峽灣口一個又一個飽經風霜的小村落，才能抵達該島。兩個小時的航程後，小艇抵達柏格島（Bogøy），一座橋連接起這個小村落與天使島。雨果正站在碼頭上，通知我一個好消息：我們很可能有釣餌了。一頭蘇格蘭高地牛三天前才被宰殺，殘肢與牛雜碎還放在戶外，隨時都可以去撿走。但當我們開車過橋到天使島時開始下雨，所以要等到第二天才能處理。我們在雨果偌大的獨棟房前停下來，他的獨棟房有著塔樓式的尖頂，地下室有畫廊，朝西方還可看到挪威西岸峽灣的景致。

來到雨果的莊園時，你很快就感覺到自己彷彿進入了海盜的營區之中。那些能夠沿著海岸、很可能是在掠奪之行時蒐集到的東西堆積在車庫旁邊，其他物品則擺在遠處面對迴廊的通道旁，活像展覽品或戰利品。他在海裡找到了許多寶貝，像是一艘舊船的舷，還有幾個陳舊的大錨。有個屬於一艘在挪威西岸峽灣史柯洛瓦（Skrova）島外海沉沒的英國拖網漁船的推進器，就像展覽品一樣擺在院子裡。庫房裡吊著一塊他從海裡打撈上來的俄語招牌。雨果本來相信，這塊招牌屬於一艘俄國船艦；結果發現那其實來自阿爾漢格爾斯克區（Arkhangelsk）以外，某個選區的選舉看板。除了主要庫房以外，雨果還蓋了另外兩間庫房，以及一座馬廄，裡面養著兩匹昔德蘭群島小馬，名叫盧娜（Luna）與韋斯勒格洛帕（Vesleglоppa）。庫房裡面與旁邊，總是停放著各式小艇。本來還有一艘船艉低矮、像是隨時想航入地中海里維耶拉（Rivieraen）海岸的紅木色小遊艇；不過，他已把它賣掉了。

雨果一生從沒吃過炸魚條，而他也完全不打算品嘗一下這種食品。喝完由新採異株蕁麻、歐當歸和扁豆煮成的湯，還有品嘗完手工駝鹿肉香腸，一杯葡萄酒下肚之後，我們一起下樓，來到畫廊。雨果的油畫，大致上都非常抽象；但挪威北部人都傾向於將這種油畫解讀為大海與海岸的具體風景畫，把它們解讀為對自身居住環境的描繪。原因顯而易見，這些油畫都閃動著北極圈以北海面特有的光芒，特別是在冬季時。雨果繪畫的特點就是在暗黑（順便一說其實一點都不昏暗）的冬季清冷時光裡，那道好認的極地藍。即使畫中予人某種迷霧感，甚至撕裂感，光線仍然充滿整幅畫的視野。天幕的顏色被賦予某種深度與濃縮的光輝，而北極光則隨時能灼燒起來，帶來即興的迷幻效果。他正在繪製的幾幅畫，取材位於天使島外側的迪爾特（Dietl）加農砲陣地，德國人就在該地興建二戰時北歐最大、最昂貴的軍用基地。包括德國士兵與俄軍戰俘在內，總共有一萬人被安置在該處。他們在此建立挪威北部最大的城鎮之一，蓋起電影院、醫院、士兵與低階軍官營房、餐廳，甚至妓院，還從德國與波蘭運來妓女。整個街區充滿著雷達設備、氣象觀測站，以及啟用最先進科技的指揮中心。本來的目的是加農砲火要能涵括整個挪威西部的峽灣，射程達數十公里。後方的碉堡，更有數層樓之深。即使數以百計的俄軍戰俘死於強制勞動，雨果還是覺得這塊區域相當寧靜、平和。他在畫中，只將加農砲描繪成小小的立方體。

幾年前，雨果曾經展示過一隻抹上香膏防腐的死貓。這隻貓躲在路旁遠處老舊畜舍的牆縫裡，垂死著。在得知雨果即將於佛羅倫斯雙年展展出這隻貓後，《諾爾蘭日報》（*Avisa Nordland*）就曾質問：「一隻死貓，能算是藝術嗎？」

雨果的成長歷程，遍及西部峽灣的兩岸；他如果不是生活在海邊，就是在海上。他成為德國明斯特（Münster）頗負盛名的藝術學院最年輕的新生以後，才搬到當地就讀，這也是他一生當中，唯一一次長期定居在內陸。當時的街道上仍有許多戰後歸鄉的傷員，有人臉部毀容，有些撐著拐杖，有些斷了手臂，或者必須以輪椅代步。他和許多態度激進、樂於對越戰高談闊論的德國年輕人一起學習，但二戰則完全是不可談的禁忌。他喜歡坐火車朝漢堡北行，因為旅程上每向北經過一座城市，空氣就越來越新鮮，帶著一絲海水的味道。

他在取得證明其具備油畫、平面藝術與雕刻古典技巧的文憑後，才返回挪威。此外，他還多獲得了一項特質：他的身上，還殘留著一九七〇年代德國青年學生的極端氣息。不過雨果的思想從未特別極端，所以這與政治無關；即使他戴著粗框眼鏡、留著小鬍子與黑色長髮，這也和他的個人風格沒什麼關係。這主要與如何做事、如何生活，一種不依循守舊的態度有關。此外，他還有一個惡習：每天下午五點整，定時收看德語的《德瑞克》（*Derrick*）影集。你要是膽敢在那時打攪他……嗯，保證會有你受的！

在雨果帶我參觀過他的新作品以後，我們就上到小屋的閣樓。從那兒，我們得以眺望天使島那草木繁茂、欣欣向榮的內側。這是一個柔和的夏夜；露珠歇落在草地上與朝南的黑土上，寂靜覆蓋著沉睡中的大地。就連耳語也傳播到遠處。我們周邊有許多由樺樹、花楸、柳樹與山楊樹所組成的落葉林。我走到房屋正面那外觀類似船橋樓甲板的露台上；樹梢間，一切其實相當不平靜。整座森林充滿著花粉，冒著葉綠素。我聽見鸝科、杓鷸與山鷸的叫聲；一片鳥鳴聲此起彼落，使耳朵需要多花點時間，才能區分彼此。黑琴雞咯咯叫著；畫眉呱呱啼著；杜鵑則發出咕咕聲。磧鷚鳴囀，麻雀與山雀啁啾著。杓鷸常發出不勝憂鬱、孤寂的口哨聲；但牠們也可能突然變換節奏，轉變成某種類似友善的機槍聲。其中一隻鳥的叫聲，聽來就像撞擊桌面的硬幣，是如此的乾涸。

一隻短耳鴞低空飛過；那對長長的翅膀，使牠不穩地顫動著。雪白的峽灣泛著光。在島上泛黑的山區地表，積雪尚未完全融化；山區的海拔頗高，高到這些年來共有三架軍機發生過撞山事故。其中兩架是一九七〇年代初期的星座式戰鬥機，以及一九九九年的一架德製龍捲風式機；那架龍捲風式機在博爾灘（Bøsanda）一帶墜毀，所幸兩名飛行員已經彈射出來。在天使島與小丘島（Lundøya）之間，史嘉格斯塔海峽（Skagstadsundet）海域作業、正在手釣黑鱈的小漁船，將兩人救起。

鳥類生態，就是天使島與西部峽灣另一端史柯洛瓦島最主要的差異；只有海鳥會在那兒出現。雨果和梅特（Mette）正試圖在史柯洛瓦島上維持住一座魚肝油與漁產加工廠，名字就叫作艾斯約德（Aasjord）漁產加工廠。一如店名所暗示，這家加工廠一開始由雨果的家族所經營，但不幸在數十年後宣告倒閉，並於八〇年代轉賣給他人。在雨果與梅特將加工廠買回時，廠房狀況已大不如前。現在，加工廠已經過局部重建，而且雨果和梅特對加工廠的未來可是有著長遠規劃的。

天使島是個農業聚落，島上的一切，包括居民的心態，都與史柯洛瓦島這種孤懸外海的漁業聚落大相逕庭。小島外，水深達數百公尺。位於史柯洛瓦島上的艾斯約德漁產加工廠，就是我們捕鯊計畫的基地。

回到小屋內，雨果講述著一個詭異、對他而言卻不特別奇怪的故事。我不知道這故事是怎麼發生的，然而，雨果有一項特殊技能，就是由某個事物能讓他想起另一件完全不相干的事。他說道有那麼一次，他領養了一頭剛出生的公羊，公羊的主人表示這頭羊生來有缺陷，本來想將牠殺掉。雨果覺得這頭羊很可憐，就把牠領回家。他們把公羊養在廚房裡，準備在秋天時將牠宰殺。幾個星期後，雨果又在店裡遇見這位農夫，他隨口跟農夫說，這頭公羊形單影隻真是怪可憐的。結果，這農夫回去又給了他另一頭公羊。

經年累月下來，這兩頭公羊被他們養得相當肥壯——牠們早已難以駕馭。沒多久，牠們就對社區內的孩童與犬隻構成了危險；於是，雨果把牠們送上小艇，野放到一處孤島上。牠們在孤島上，總有牧草可以啃食吧！

這兩頭公羊越長越肥，越長越壯；然而，牠們可是十足的忘恩負義。當雨果接近荒島時，牠們竟朝他游來；羊毛一浸水，變得又濕又重，牠們很可能溺斃，他不得不出手相救。一個美好的夏日，他登上荒島，本想散散心，享受閒暇時光，未曾預想到會有危險；不意其中一頭公羊竟在他即將下船之際，直接朝他衝來。故事的尾聲，他拉起毛衣袖口，向我展示上臂一道又深又長的傷痕。

不久後，這兩頭公羊就被屠宰了。全家人對牠們原有的同情心，至此蕩然無存。牠們的毛皮，至今還懸掛在小屋裡的一根枝條上。

兩年前像這樣的一個晚上，雨果首次提及格陵蘭鯊（håkjerringer，又稱睡鯊）。雨果的父親從八歲起就開始參與捕鯨活動，親眼見過格陵蘭鯊從海底游出、大口吞食鯨脂，而捕鯨船的船員則邊划動船身、邊在船邊抽取鯨油。他描述船員如何對一頭緊追不放的格陵蘭鯊賞了一魚叉，再設下防護網，才用起重機將牠舉起。儘管當時牠已被捕鯨叉貫穿背部倒掛著，處於瀕死狀態，但躺在甲板上的新鮮鯨肉還是被牠狼吞虎嚥地大嚼起來。

這頭格陵蘭鯊掙扎了許久才死去。牠可以躺在甲板上好幾個小時，一直盯著穿梭於甲板上的船員，嚇唬著那些強悍、老練的漁夫。雨果的父親也不忘告訴他，某個風光秀麗的夏日，他們沿著挪威西岸峽灣駕駛快速號（Hurtig）漁船時，發生過這麼一件事：一個漁夫為了消暑跳下海游泳，這時一頭格陵蘭鯊突然在他數公尺遠的地方衝出海面，那個漁夫嚇得瞬間游回船上，讓其他船員樂不可支。

這類故事引燃了雨果的想像，四十年來在他體內不斷地發酵、沸騰著。每當他描述格陵蘭鯊時，眼睛閃動著奇異的光芒，口吻激動異常。他從未忘記這些在孩提時代就聽過的故事。雨果見過絕大多數的海底生物與魚類；然而，他從未親眼見過格陵蘭鯊。

我也沒親眼見過格陵蘭鯊。這個意念，從直覺上完全讓我上鉤了，雨果無須大費周章，說服我加入獵鯊活動。我也在海邊長大，從孩提時代就開始釣魚。當獵物上鉤時，我總期待著從海底衝出的會是何種生物，這種感覺很吸引人。海平面下真是別有洞天，藏著許多我根本一無所知的生物。我在書中見過許多海底已知物種的圖片，那不僅僅是「引人入勝」可以形容的：海底的生命，遠比陸地上的生物精彩、富麗得多。令人驚異不已的生物在水中到處悠游，幾乎就在我們的鼻子下方徜徉著；然而我們卻看不見牠們、感覺不到牠們，只能憑空猜想水面下究竟發生了什麼事。

從那時起，海洋對我的吸引力堪稱無可磨滅。許多我們小時候覺得神祕、好玩又刺激的事物，都在我們的青少年時期一一失去吸引力；然而，海洋卻變得越來越寬廣、越來越深厚越來越神祕。或許，這和隔代遺傳也脫不了關係，這是一項跨越數個世代的特質，而我就從那葬身海底的高曾祖父身上，傳承了這項特質。

雨果的捕鯊計畫，也自有其吸引力，這是我當時並未能意識到，甚至現在也還未能看得清楚，是在我眼界以外的體驗——猶如燈塔旋轉式的探照燈，用光束將黑夜劈開。

當我毫不猶疑地回答他「走，我們出海捕鯊去！」的同時，其實還有許多應該要做的事情。

3

人類已為地球繪製了地圖，也不再以各種奇形怪狀的猛獸與憑空想像的寓言動物，來填補地圖上的空白區域。然而，或許我們該這樣做。因為在這顆行星上，還有許多遠超過我們所知的、需要我們探索的生物。至今被科學界發現並明文記錄的生物物種，還未達兩百萬種；然而，生物學家卻指出，世界上存在著一千萬種左右的多細胞有機體[2]。最使人驚奇的探索之旅，還在海底靜靜地等候我們。在海中，持續出現我們直到目前為止，還認為根本不存在的物種。我們對許多存在於近岸處的巨大生物，所知根本少得可憐。也許地球上的鯊魚數量，其實和人類一樣多呢[3]。又有誰——當然了除了雨果以外——真的能確定：在西岸峽灣的深谷與谿壑中，是否潛伏著身長七到八公尺、重達一千兩百公斤的格陵蘭鯊呢。

格陵蘭鯊，是潛伏在挪威沿岸峽灣深處的史前生物，分布海域一路直達北極圈。通常，棲息在深水處的鯊魚，體型比淺水鯊小得多。不過，格陵蘭鯊是其中的例外。牠們的體型比大白鯊（hvithai）還大，因此是世界上最大的食肉鯊（鯨鯊〔hvalhai〕和姥鯊〔Brugde〕體型更大，不過牠們以水中浮游生物為食）。最近，海洋生物學家發現，格陵蘭鯊的年齡有可能上達四百多歲。理論上，我們要捕捉的格陵蘭鯊完全有可能在馬丁・路德（Martin Luther）的時代就出生了。

還有一件事：格陵蘭鯊可不像許多人所想像的，和鼠鯊（håbrannen）有親戚關係；牠們可是兩個完全不同的物種。鼠鯊的肉質鮮美，是餐廳桌上的美食佳餚。現在，鼠鯊已經被列為保育類動物。格陵蘭鯊的族群則仍生生不息，這種體型龐大的鯊魚，肉質乏人問津。

兩年前的晚上，我們做出了決定。我們決心不計一切代價，要捕捉這頭背負著數億年演化史的大怪獸——牠的血液中有可以讓人致命的毒素，眼睛裡長著寄生蟲，牙齒可能像個特大的捕獸夾，還有其他許多可怕的特徵。

夏季的夜空，呈現魚子醬般的橘色。我們坐著，彼此交流最近所蒐集、探聽到，關於格陵蘭鯊的「最新動態」。絕大部分書面文獻都指出：格陵蘭鯊游速緩慢，軟弱無力。游速最快的鯊魚時速可達到近七十公里，相當驚人。雨果認定格陵蘭鯊的游速不可能這麼慢。

他對此提出質疑：「格陵蘭鯊的腸胃裡，發現過北極熊、大型鮭魚（laks）和大比目魚（kveite）等海中游速最快的魚類的遺骸。**牠們的游速有可能這麼慢嗎？**」

「一種理論認為：獵物被那對在黑暗中發出綠光的鯊魚眼迷惑了。其實，大多數格陵蘭鯊身上都有一種能夠摧毀獵物眼睛角膜，使其陷入半失明狀態的寄生蟲。有些人把這些寄生蟲的形狀，描述成懸掛在眼球上的小蟲。也許正是這些寄生蟲，使鯊魚眼發出綠光。但這種說法從未經過縝密的研究驗證，」我回答道。對於還能告訴雨果新知、讓他意識到自己或許尚未完全理解海洋的奧祕，我感到相當自滿。

不過我的喜悅可沒維持多久，雨果並不贊同我的說法。

「如果這個說法為真，那牠們又怎麼能捕捉棲息在阿拉斯加陸地上的馴鹿，甚至海鳥呢？鯊魚也能把牠們迷惑住嗎？」

雨果針對格陵蘭鯊的感官，幫我上了一課。藉由鼻子裡布滿膠狀的囊袋、所謂的羅倫氏壺腹（Lorenzini-ampuller），格陵蘭鯊就像其他鯊魚一樣，能夠偵查到十億分之一伏特的振動。即使牠陷入全盲或半盲的狀態，由於海底深處相當昏暗，牠的生理缺陷也不像許多人所想像的那麼嚴重。格陵蘭鯊能夠察覺獵物身上釋出的電磁波動中，最細微的變化。牠在襲擊睡臥海床上的海豹（sel）之前，想必就是這樣潛伏，緩慢無息地接近獵物。

我邊望著他，邊試著為自己開脫，表示我從未聽聞過這些。

「你不知道，海豹是睡在海底的嗎？」他興高采烈，繼續補充下去：「也許格陵蘭鯊就是借助這些特質，捕捉速度快得多的動物，或者偵測到受了傷、體力衰弱或埋進海底沙床的魚類。也許，牠通常會這樣緩慢，無聲無息地移動，經過完美無缺的偽裝，然後一口咬下……」

我意識到，他正要說到重點。

「不過，我很確定：牠還是能夠突然加速的。這是唯一合乎邏輯的解釋。」他果斷地下了結論。

我們還沒討論到幾個單獨細節：假如我們真的能將一頭格陵蘭鯊拉到海面上，該怎麼做？我建議：我們或許可以用繩索捆綁在鯊魚尾，再把牠向後拖，讓牠昏迷。鯊魚和其他大多數魚類不一樣，必須持續不斷游泳，才能獲取氧氣。鯖魚（Makrell）的情況也是如此。

雨果搖了搖頭；他認為，如果我們這樣做，鯊魚的魚身可能會下沉。也許我們應該仿效愛斯基摩人的做法，把牠導向岸邊。這項計畫的弱點就在於：我們必須「說服」這頭格陵蘭鯊，完全依照我們屬意的方向游動。因紐特人使用兩艘獨木舟，讓格陵蘭鯊處於兩條小艇之間，引導牠的游向；而我們只有一條小艇。附帶一說，因紐特人在傳統上還把格陵蘭鯊視為協助巫師的一種動物。

「如果在我們與鯊魚之間有一座孤島，或許我們可以把牠拖到島上去？」我說。

雨果樂於忽略這項建議，想必是因為這個建議實在太蠢了。

「假如我們把牠拖到岸上呢？如果我們有時間把繩索纏在一棵樹上，我們就能夠反方向划動，把牠拉到海灘上。」我建議。

「這還可以，不過我已經認真想過，我們就這麼做：鯊魚衝出時，我們就用新的魚鉤套住牠，用一條短繩索把牠纏在一個浮標上。這樣一來，我們對牠就可以為所欲為了。」

要是我們能把鯊魚（頭部在前或在後都無妨）拖到其中一座碼頭上，或是史柯洛瓦島周圍的海灘上，雨果對鯊魚肝會最感興趣。他可以從魚肝中提煉出一公噸的魚油，並用它調製粉刷艾斯約德漁產加工廠所需的油漆。雨果還在思考，可以用這頭鯊魚來執行哪些不同的藝術專案。

這樣持續討論了一兩個小時後，我們已經彈藥耗盡了。當時已非永晝，但天色仍舊亮如白晝。我坐在露天看台上，望著四周的景色。這真是個宜人的夜晚，近乎完全寂靜無風。從海峽處，漂來一片發出腐敗海水鹹味的海草。我們所有裝備均已備便，安放在史柯洛瓦島上的艾斯約德漁產加工廠。我們有鏈條與四百公尺品質最好的尼龍繩，二十公分長的不鏽鋼製魚鉤，還有能讓魚網下沉的鉛錘石。如果鯊魚張口咬動，我們還備有兩只大型浮標，使牠在掙扎中氣力放盡；必要時，我們還可以使牠保持在離小艇夠遠的安全距離之外。

我們唯一欠缺的，就是誘餌了。格陵蘭鯊視覺可能欠佳，但牠的嗅覺可是異常靈敏。我們需要在晶亮生光的巨大魚鉤上裝上屍體作為誘餌。我的任務，就是負責收集那頭蘇格蘭高地牛散落在室外各處的遺骸。雨果對這項重責大任一點興致都沒有。他曾經嘗試過一次，卻不幸失敗，動輒嘔吐；同時，他在生理上又很難嘔吐，把腸胃裡的穢物全清空。

我樂意接下這項重責大任。

4

有生就有死，資源回收，就是確保地球生生不息的關鍵。隔天下午，當我依照含糊的指示、獨自在林地裡找尋蘇格蘭牛腐爛的遺骸時，正是抱持這樣的哲學思考。產於蘇格蘭高地的牲口，是很原始、強壯耐勞的物種；整個冬天，牠們還是待在戶外，和留著修長劉海的麝香牛非常相似。牠們是群居生物，群體中的階級制度十分鮮明。這些動物的天性還是很強，因此在母牛生小牛時，千萬別接近牠們。高地牛常把野外採收野生莓的工人嚇傻；牠們的角又尖又長，且力大無窮。這種經歷演化、生存到現在的古老物種，絕對能比狂爆惡劣的天候造成更大的損害。

這位農夫飼養這些牲口，已有一兩年的光陰；他首次宰殺牲口時，曾使用能瞬間擊斃一般大型牛隻的槍。然而，這頭蘇格蘭高地牛前額軟骨竟厚達七公分；而子彈只是將牠擊昏而已。在農夫切開牛隻的主動脈以後，這頭牛突然站起身來，開始恐慌地到處亂跑；鮮血潑濺了農夫與孩子們一身，他們被嚇到驚慌逃命。

這頭即將成為鯊魚口中美食的高地牛，想必是用可以從超過一百公尺遠處擊斃麋鹿的點三零八口徑來福槍連開數槍，才擊斃的。直到第三槍，才真正置牠於死地。

但是，牠的遺骸在哪裡呢？

我根據指示，來到一塊空地上。依據說明，牛隻的屍塊應該殘留在另一端的樹叢間。這是一個非常罕見的夏日，溫暖、柔和無風，在這麼接近北極圈的區域，是很少見的。體型嬌小的海鳥像是早餐喝了香檳酒，不斷地嘟囔著；大黃蜂愚鈍地在花間嗡嗡作響。這些花包括紅花苜蓿、雛菊、老鸛草。還有一種生命力強韌、有著包括百脈根（tiriltunge）、貓爪（katteklo）、魔鬼爪（djevelklo）、巫婆牙齒（kjerringtann）、處女花（jomfrublomst）和聖母瑪利亞高斯科（Jomfru Maria gullsko）等正式名稱與眾多諢名的花。這種花朵氣味非常「獨特」，也為它贏得了幾個非常褻瀆的諢名：屎臭花（skitluktblomst）和魔鬼拉屎花（tykjeskjeta）。它的另一個稱號，可能是花卉中最沒吸引力的諢名：大腸肛門草（tarmens rævtørkargress）。

天使島在某種意義上，就是整個挪威的縮影；內陸是峽灣地形，向海方則是島群與白亮的沙灘。不管如何，這天天氣幾近完美，很適合野餐。下方引向海灘的路段由肥沃的耕土所構成，隨後是有麋鹿及其他野生動物出沒的森林帶。最後一段則是峽谷與高山，以海拔六百四十九公尺的希望角（Trohornet）為最高點。島上具備所有地形，騎單車環島只需幾小時。約六千年前，此地就有人為聚落，這真是其來有自。

我在沙浪區（Sandvågan）搜索牛隻的遺骸，不久就發現那裡有一處土堆（horg），即古老的獻祭場。雨果曾以洞穴石為主題，畫過一幅油畫，因此我對洞穴石還是饒富興趣的。特羅姆瑟大學的波福爾・西蒙森（Povl Simonsen）曾在《極圈以北史前遺跡》（*Fortidsminner nord for Polarsirkelen*，出版於一九七〇年）一書中，提到過洞穴石。他是少數在論著中，提到洞穴石的學者之一。書中他宣稱：在北挪威全境，總共只有兩塊屬於這一類型的祭祀石碑。其中一座位於芬馬克（Finnmark）西部的瑟略島（Sørøya），另一座則位於天使島上。西蒙森將這塊石頭的年代，定於公元前一千年與公元後一千年之間。

這樣的年代設定，真是不準確。西蒙森的說法就等同於：這塊石頭的年代，可能在銅器時代晚期，也可能在鐵器時代晚期。挪威文化遺產理事會不久前在石塊旁邊留下一段說明文字，但這段文字更不精確。它說明石塊的年代介於公元前一千五百年與公元後一千年之間。換句話說：這塊石頭的歷史可能達三千五百年，卻也可能只有一千年。至於是誰用什麼方式、在何時刻下了這塊石頭，我們則毫無概念。這好比在報紙上讀到：百米賽跑的新世界記錄低於一小時，破紀錄的跑者是男性或女性，年齡介於一歲與一百歲之間。

考量到洞穴，這塊石頭很可能與獻祭有關。碗狀器皿，應是用來盛裝人或動物的血或脂肪。這塊石頭朝向西方；因此我們可以揣測，它或許與對太陽的崇拜或信仰有關係。人們可能將處女、寵物，甚或只是牛奶、乳酪或玉蜀黍做為獻祭的供品。也許，每年還有獻祭的慶典。這是凝聚團體歸屬感的做法。我眼前浮現出這樣的情景：每個人都參與其中，音樂、歌舞、美食、藥物，甚至還有飲血儀式。人們記住，或再度體驗到將祖先們分裂成各個不同群體的暴力[4]。

我邊走，邊揣測著關於動物與祭品之間的關聯性。這時，一陣輕風拂過地面朝我而來。從迎面而來的氣味，我察覺到：自己的方向是正確的。屍臭使我想要嘔吐，淚水盈眶，我蹣跚而行，不意間竟陷入一個充滿牛糞的巨大草叢之中。前一晚與雨果痛飲紅酒、酩酊大醉以後，我實在無法承受這種氣味。半路上，我就聽到蒼蠅的嗡嗡聲。我本以為，雨果事先給我的是防毒面具；然而那只是防塵面罩，對屍臭完全起不了作用。現在我面對的味道，和死人的屍臭完全一致。在我們生活的國度，許多人早已忘卻屍臭是何種味道：肉體一死去，屍臭就馬上開始擴散。三天後，寄生在死者腸胃道裡的細菌開始啃食屍體，惡臭味使人難以忍受。過程中還散發出廢氣，以及有毒的液體。我們的感官與知覺明確地命令我們：遠離這種有毒物質，不要去找尋它們。而我現在做的，卻正是這種事情。

一位知名的演化生物學家曾經描述，無論人類地位多麼崇高、受過多麼高等的教育，充其量也只是總長度達十公尺讓食物通過的腸道。我們在演化過程中所獲得的其他部位——包括大腦、各種腺體、器官、肌肉、骨骼與其他——都只是建構在這條腸道的「附加物」罷了。

把整個人體簡化到這樣單一、原始的功能，其實是很有趣的。然而，除了各種微生物菌群以外，地球上分布最廣的有機體形式就是由肌肉包覆的腸道。蛆蟲就是地球上，拓展範圍最廣泛的生物；牠們在海底的數量，更是驚人。一頭鯨魚的屍體，可是幾百萬隻線蛔蟲與蛆蟲的安樂窩。

每年，有數以萬計的鯨魚死亡。海底可沒有神祕的墓園，更沒有管風琴為牠們演奏安魂曲。其中有些鯨屍會被沖上岸來，但絕大多數最後都沉入深海。屍體的腐臭味，吸引來自各處的掠食者。當各種掠食者的群落建立根據地時，該區域頓時變得生氣蓬勃。在鯨魚的骨頭被啃蝕殆盡以前，這個「生態系」可以維持數十年之久。就連鯨魚骨遲早還是會成為食物的。有一種看上去像是小型紅棕櫚樹的蟲，最喜歡啃食骨骸。隨後輪到細菌群接手，意味著這場「筵席」還沒開完。牠們將有毒的硫化物轉換成營養成分豐富的硫酸鹽。這項過程，為包括蛤蜊在內等四百個不同物種提供了養分。所有養分耗盡後，這些物種會設法節省能量損耗，或是尋找下一處棲息地（能提供養分的樂園）。由於研究人員將被沖上海灘的鯨魚屍體重新沉回海底、再觀察之後發生的狀況，我們對這部分已有相當充分的了解[5]。

我戴上橡膠手套，開始把牛隻的內臟清出，以及將骨頭裝進塑膠袋裡。同時，眼睛裡淚水直流，蒼蠅在耳邊嗡嗡作響。陽光高照，提醒我今天天氣彷彿是多麼美好。

我邊做邊想：這件事本來就該讓雨果做的。先前提到，他覺得噁心時卻很難嘔吐；因此，這項任務太適合他了。

5

兩小時後，我們就抵達柏格島的港口，準備搭乘雨果的 RIB（硬底充氣艇）啟程（生產商是加拿大的龐巴迪〔Bombard〕公司），一闖挪威西岸峽灣海域。我們把塑膠袋與其他裝備放到船上，用腳踏泵為橐船充氣，以三十七節航速駛離旗幟灣（Flaggsundet），由新裝置、一百一十五馬力的鈴木馬達提供動力。這硬底充氣艇和雨果先前的幾艘小艇不太一樣。這是艘橡皮艇，時速高達四十三節（或八十公里）。由於她沒有龍骨，且充滿氣體，因而不會沉入海底，能持續浮在水面上。我能理解，雨果為何對這艘 RIB 情有獨鍾：她能真正在水上行走。

雨果家族的歷史，和他們所擁有的船隻密切相關。艾斯約德家幾代人，一直從事包括捕鯨在內的漁獵活動。雨果的曾祖父名叫諾曼・尤漢・艾斯約德（Norman Johan

Aasjord），本來是教堂聖歌手、組裝家具的木匠與教師；他在漁業開發方面，更堪稱先驅。他白手起家，並在一段時間後，以北挪威芬馬克區域魚販的身分，接收了一家位於史提根縣賀涅松德（Helnessund）因破產求售的漁產加工廠。他在位於加工廠正上方的山區，興建了一座人工壩，水壩底部在冬季結冰，整個夏天便用斜槽把冰塊運到加工廠，使他們能將新鮮的漁產品出口到歐陸。

雨果就在賀涅松德成長，一年到頭都在家庭經營的漁產加工廠幫忙。冬天時，孩子們就在堆放鱈魚乾（klippfisk）的小閣樓中玩耍。許多成年男性從八歲起，便定期出海，在雨果十到十二歲之間，他和朋友就可以整夜待在小艇上，釣魚或用魚叉刺穿狼魚（steinbit）——當我們看到狼魚或比目魚（flyndre）在水底游動時，就從船上拋出附有鉛錘線的魚叉。由於光線在水中會產生折射，如何精確計算、命中目標，就成了一門藝術。把魚鉤拋到船邊等到真的看到魚出現，或許稍微容易一些，但由於需要在對的時機把魚猛力扯上來，因此這還是需要訓練與精準度。大型藍色狼魚非常兇猛，一旦我們沒命中目標，牠們會捲土重來；然而，體型較小的褐色幼魚會意識到，還是趕快撤退比較好。有一次，雨果與父兄在海邊捕狼魚，刺中一條大魚，卻讓牠在水面掙脫掉了。三個人俯伏在舷緣想要在沙底尋找魚的蹤跡，不過牠早已消失無蹤。然後，他們就聽到小船的龍骨處傳出的劈啪聲響。

諾曼的兒子，也是雨果的伯公哈格柏特（Hagbart）（請別把他和同名的雨果父親，以及雨果才四歲大的孫子搞混），是社區裡深具傳奇色彩的發明家。他研發出新方法，開始捕捉許多過去價值不為人知的魚種。

伯公哈格柏特捕鯨生涯的開端，其實相當迂迴。他在加拿大西岸與阿拉斯加捕大比目魚時，一位從事魚叉製造業的美國朋友將他帶入捕鯨的天地。哈格柏特在幾年後回到博德，為自己訂造了一根魚叉，還借了一座過去用來射擊姥鯊的魚砲——姥鯊是僅次於鯨鯊的海中體型第二大的魚類，專食浮游生物，游動時總會張開大口，活像個瘋子。姥鯊的肝臟極富經濟價值，因此常被獵捕。

離姥鯊太近，還是會有危險的。假如船身坐落在太陽與姥鯊之間，使姥鯊發現陰影，牠就會用尾巴發動攻擊。尾巴要是擊中船身，船會被拋上半空傾覆，或是被直接擊碎。因此，獵捕姥鯊講求精確性。許多人使用手持式魚叉，當魚尾在船身旁邊時，你就得拋出魚叉，這樣才能在魚叉穿進姥鯊身體時，確保姥鯊在反方向反擊，使船身不至於遭殃。

哈格柏特想要從事捕鯨行業時，人們都笑他不自量力；但在幾經嘗試，歷經失敗後，他的捕鯨小組卻能在一週內，捕到多達三十條小鬚鯨（Vågehval）。為了捕鯨，他們還重新整修了三艘漁船。而後，工業化捕鯨方式就席捲了史提根縣與挪威西岸峽灣。位於羅浮敦群島的史柯洛瓦島，不久就成為捕鯨業中心；而這正是我和雨果此行的目的地。今日，這是全國少數幾個還進行鯨魚肉加工處理的城市之一。

有一次，哈格柏特和兩個同好用魚叉捉到一頭碩大的長鬚鯨（Finnhval）。藍鯨

（Blåhvalen）是地球上體積最大的動物，而長鬚鯨幾乎就和藍鯨一樣大。此外，輕盈、雪茄狀的身軀使牠的游速比其他大多數鯨魚快。藍鯨從整個西岸峽灣外海直到羅浮敦群島山壁（Lofotveggen），在數十公里的範圍內，一路都跟住了哈格柏特的小艇。

這樣的故事，一點都不誇張。當一條長鬚鯨在一八七〇年隨捕鯨業先驅史衛德・佛恩（Svend Foyn）的蒸汽船游過大半個瓦朗格峽灣（Varangerfjorden）時，作家約納斯・李（Jonas Lie）就在船上。他們被風向所拖行，試圖以蒸汽機進行緊急停船，但收效甚微。佛恩不得不架起前帆，但它卻在風中被扯裂。海水從船艏湧入，水手們都想爭相逃命，但年老的佛恩卻仍在甲板上來回走動。約納斯・李寫道：「情況越來越不樂觀了……感覺上，我們像是用魚叉插中了海神，而不只是一條鯨魚，這彷彿是一場永無止境的長跑比賽。當牠的反抗終於結束時，船上許多人想必都安下心來——或許，看似沉靜的史衛德・佛恩也是如此。那真是通往風暴中心的一步。但是，那根捕鯨叉，究竟激發出了多少馬力的力量啊！」[6]佛恩發明了爆破榴彈，使捕鯨船的效率提升了六倍；但這次經驗，卻使他想到設計一個垂直的耳狀橫梁，能夠沉入海中，明顯加強小船的停船力道。

艾斯約德家族經營過漁產加工廠、魚片工廠、魚肝油提煉廠，以及銷售淡水魚、海水魚、魚乾及醃製鱈魚乾的出口店面。在這一系列的業務中，船隻無疑是其生命線。雨果談論到自己的祖父、父親、舅舅或老朋友時，一定會聊起他們擁有的船隻。他從未讓我看過任何親戚的照片，但卻常給我看他們所擁有船隻的照片。快速號、白山號（Kvitberg）、白山二號（Kvitberg II），甚至白山三號（Kvitberg III）、海鷗號（Havgull）、賀涅松德一號和二號（Helnessund I, II）……等船隻的名字，我聽得滾瓜爛熟。或是艾爾達號（Elida），一艘有著三角帆和上緣斜桁帆的木質船，直到一九三〇年代，一直屬於家庭企業所擁有。還有一艘在船艄有巨大凹痕，從冰島駛達史提根縣的拖網漁船；這道凹痕是在一九七〇年代，因捕捉鱈魚（torsk）而與英國海軍艦艇產生衝突所造成。

白山二號沉入海底時，雨果才八歲。但他一談起這艘船，就像談起至親的家人一樣。這艘單桅快速帆船全長七十四英尺，從博德啟程航向賀涅松德途中，在史塔本（Stabben）外海沉沒。當時甲板上還有著石灰、水泥甚至化糞池。船行至卡爾綏（Karlsøy）一帶時，海上颳起大風。一片碎浪將甲板上的物品掀翻，一眨眼，船就沉了。雨果記得：他的西格蒙德（Sigmund）舅舅在賀涅松德步行上岸，全身濕透，被石灰水染白；船下沉時，甲板上的貨品在水中融解，把船上所有東西染成一片石灰白。

「白山二號」並不是艾斯約德父子企業歷史上，唯一一艘傾覆沉沒的船隻。一九六〇年新年期間，塞托號（Seto）就在默勒（Møre）海岸沉沒。塞托號是一艘拖網漁船，剛改建成全國最大的圍網漁船之一，船上捕獲了三千兩百公石的鯡魚（sild）。就在船隻向岸航行、準備將捕獲的魚隻運達岸上時，忽然傾覆，在轉瞬間沉沒。船員們登上救生艇，很快就被在旁的輔助船隻救起。隔天，《卑爾根時報》（*Bergens Tidende*）報導：「遠洋漁船塞托號在倫德（Runde）以西十八公里的鯡魚漁場沉沒；劫後餘生的船員被輔助艇白山號救起，並於週五晚間抵達奧勒松（Ålesund）。他們完全來不及帶走私人物品，甚至連皮夾都還放在船上。」[7]船長路德維格・艾森（Ludvig Åsen）表示，貨艙裡的一面隔板當時必定鬆脫，導致數十公噸的漁獲頓時散落開來。假如這在船隻靠岸前發生，船上的二十一人恐怕全將遭遇不測。」[8]

第一次世界大戰後，雨果的祖父史文（Svein）和伯公哈格柏特買下一艘英國掃雷艇。小艇以橡木製成，使磁性水雷無法附著在船身上。當雨果談到這艘名叫貨輪號（Cargo）的掃雷艇時，聲音聽來心馳神往。聽他說話，彷彿要是沒有一艘由橡木製成的英國掃雷艇，人生就少了一個重要的面向。

在離開旗幟灣的航程中，我們經過養殖漁場，我不禁又想到白山一號，以及雨果告訴過我，關於這艘船的故事。它建於一九一二年，最初作為破冰船使用，相當耐操。它在服勤多年後，於一九六一年停放在賀涅松德灣的潮間帶上，直到船身徹底分解、沉入沙中為止。它就一直停放在該地，直到船身徹底鏽蝕、分解為止。

然而，雨果另有其他計畫。一九九八年，他挖出了船舷與側邊的一部分。這兩個部分成為博德藝術協會的展覽品。這艘船最後一任物主名叫畢雅尼・艾斯約德（Bjarne Aasjord

，一九二五—二〇一四）；他可能完全想不到，自己的破船會在解體報廢近四十年後和藝術展覽扯上關係。然而，就因為這個緣故，他人生第一次參觀了藝術展。

展覽過後，雨果獲准將船殼移到史提根縣的鮭魚加工廠；它在加工廠又存放了數年之久。而後，它在雨果不知情的前提下，又被埋進前灘一次。現在，他又考慮將船殼挖出（或許是想再度將它展出）。到了這時，船殼一定開始疑惑到底將會發生什麼事。

在雨果的口吻中，這些船隻聽來像是那樣充滿善意、能幹、勤奮、美好；或是有點古怪，久經風霜，也許還有點不誠實。他談到大多數的船隻時，口吻都充滿著憐愛之意。是的，它們或許有著古怪的特質；但只要人們對它們展現尊重，坦誠相待，這些船隻其實非常良好。雨果聊到它們時，總喜歡凸顯它們好的一面，而不是缺陷與弱點；這就像人們聊到已故的朋友一樣。我們都不是完美無缺的。

十年前，他有過一艘維克松（Viksund）公司生產的小艇，但卻從未感到安穩。當海面起風、小艇開始朝兩側搖晃時，柴油油槽沉積物會捲上阻塞住過濾器，甚至能使發動機停止運轉。這在當時他航行於險惡難測的水域中，可是很危險的。假如天色昏暗，你又有兩名幼童躺睡在船艄時，行經天使島以南水域、朝天使岬角（Engelvær）駛去，可是兇險莫測。即使這艘機動小艇從未翻覆過，維克松的馬達還是很不可靠。雨果談到這條小艇時，語氣中帶著一抹輕蔑。

連我都對維克松小艇，有著不快的記憶。有那麼一次，海面起風，這艘舷側朝外翻的小船竟開始朝兩側搖晃。我感到暈眩，想要嘔吐。雨果發現這是個捉弄我、揶揄我的完美時機。就在我倚著船舷欄杆時，他假裝關心，神情凝重地告訴我：

「我實在很難理解，有些人怎麼這麼……容易**暈船**。他們是刻意這樣的嗎？我一直很好奇暈船是什麼感覺，可惜就是沒機會體驗。也許，你可以幫我說明一下？」

我記得，我試圖抓住他的領巾，把它放進螺旋槳裡攪動，但當時的我實在太虛弱了。隨後他告訴我：其實他在十四歲以前，常飽受嚴重的暈船症狀所苦，他的症狀是如此痛苦，乃至於雙親必須先將他放到一座荒島上，使他雙腳能夠感覺到土地的堅實。

在漁夫們的言談中，漁船彷彿是有生命的。若是真被問到這個問題，他們還是會承認，漁船的確是用沒有生命的材質製成的，但在內心深處，他們都知道大眾的這種觀點是錯的。這也許是因為漁船與漁夫是如此的親密相依，而在出海時船隻的特性更是攸關生死的重要因素。對漁夫而言，徹底了解漁船的個性、癖好、優點與缺點是非常關鍵的。如果漁夫能用敬畏的態度對待漁船，兩者就能同心協力，征服大海。但是，現在這種談論漁船的方式當然已經很罕見了。

RIB 小艇轟鳴著駛過旗幟灣，挪威西岸峽灣迅速接近。島群之間的水域一片寂靜，放眼海面上，只有由我們的船所造成的漣漪。照雨果的說法，他只能先加足馬力「刻苦前進」。當我們行經天使島、正式駛進西岸峽灣時，水文狀況總會有所改變。它其實不是峽灣，而是一塊水文起伏不定的海域。有些人稱之為羅浮敦浴盆（Lofotbassenget），而這個諢名總讓我聯想到全世界最大、最冷的游泳池。我們將行經水域的天際線，約有三十公里（意即約十七海浬）寬。水手與漁夫會把西岸峽灣和胡斯達維卡灣（Hustadvika）、斯塔德海（Stadthavet）、佛拉（Folla）與洛普哈維水道（Lopphavet）相提並論。無論如何，它可是挪威沿岸船難次數最多的海域之一。

從南面、北面與西面吹來的風，即使只是微風，都能在海面上造成一定規模的波浪。大浪（Storsjøtt）是另一個讓西岸峽灣格外任性的現象：潮差最大（意即滿月與新月）時，大量海水會受推擠，湧入既窄又深的特爾斯灣（Tysfjorden）。低潮時，大量的海水將會回流。這些海水在西岸峽灣入口處和受西南風吹入的湧流相遇，造成大海嘯與難以預測的水文模式。

整個西岸峽灣，眾多小島與礁石將難以數計的船隻吞噬，使無數海員的家屬淪為孤兒寡婦。假如你仔細研究這塊海域的地圖，就能認出海域中許多幾乎看不見，或就躲在海平面正下方的名稱：犬顎（Bikkjekjæftan）、狼窩（Vargbøen）、糞石（Skitenflesa）、飄浮顱骨（Flågskallene）、絞刑台（Galgeholmen）、撞擊顱骨（Brakskallene）等。出現風暴時，狂怒的海面就會覆蓋住小島與礁石。有些島嶼只會在那時現身，它們的形影又極為醜惡、詭詐。

昔時，漁夫常必須在古老的商業城市葛羅特伊（Grøtøy），或更接近西岸峽灣出口的幾個小據點之一停船等候數週，直到風平浪靜，才能再度出海。身兼商人與漁村聚落領主的格哈德・舍寧（Gerhard Schøning）[9]便藉此向他們徵稅，從此掌握了這些漁民的把柄。他在十九世紀末期搭乘蒸汽船葛羅托（Grøtø）號，在峽灣及其債務人所屬的村落巡航了幾次，奉勸他們乖乖服從，該投票給哪個政黨。保守黨人士就在該地區負債最重的農民與漁民之中，做出了極為明智的抉擇。

當時的領主瓜分了海域，禁止歸屬其他領主管理的漁夫進入該區域捕魚，必要時甚至使用武力。漁獲量一多，這些領主就彼此勾結，將價格下殺一倍，讓漁夫平白損失百分之五十的金額。這簡直是海上版的封建制度；從許多角度來看，漁夫都是領主的佃戶[10]。

6

半小時後，挪威西岸峽灣的全景便翩然展現在我們眼前。寬廣的海洋在我們面前開展，呈現出一片無以名狀的繁忙氣象。船隻在此穿梭而行。大海怪利維坦就在此戲水玩耍。

現在，正如雨果先前所預測的，海面就像一塊浮動的白鐵那般沉靜。這是西岸峽灣在一整年之中，最寧靜的時節之一。我們可以穿越羅浮敦航道，沿途綜覽一個接著一個的山壁，名稱的開頭，涵括了全挪威語的二十九個字母：在東北方的勒丁恩（Lødingen），其後是迪格爾穆倫（Digermulen）、大摩拉（Storemolla），小摩拉（Lillemolla），然後是涵括斯沃爾維爾（Svolvær）與通往卡伯爾沃格（Kabelvåg）港灣的史柯洛瓦。再往西則是沃嘉卡倫（Vågakallen）、亨寧斯韋爾（Henningsvær）、斯塔姆松（Stamsund），朝羅浮敦岬角的方向上，努斯峽灣（Nusfjord）、雷納（Reine）與奧（Å）還在霧氣中沉睡著。在最末端的則是莫斯肯史卓曼（Moskstraumen）。

我們可將航向定為正北，直指史柯洛瓦島。這並不是避免強烈洋流正面襲來、使人痛苦不堪的之字形航行法；海流正面衝擊船身時，足以使你切身感到皮開肉綻。不過，幸好現狀並非如此。暖熱、清澈的空氣，似乎將另一端的羅浮敦峽灣山壁放大，使我們能一窺其深妙。那黝黑、斑駁的山峰，早在遠古時代，就存在於地球上了。

羅浮敦峽灣的美景遠近馳名，使許多人心蕩神馳。名作家與藝術家克里斯欽．克羅格（Christian Krohg）在一八九五年冬日親臨挪威西岸峽灣時，寫道：「沒錯，這是不容否認、震懾人心的美景；何等純淨，何等冷艷，何等貞潔，極盡高傲之能事，堪稱寂寞之神的祭壇，還有那超然脫俗的純潔。要同時描繪出大自然的殘忍、無情、冷漠、崇高與偉大——噢，這真是何等困難，筆墨難以形容此情此景！[11]」

不過，克羅格無意描繪斯沃爾維爾。他在描繪景觀時，選擇遺漏這座城市；它那棕黃的色調，和整體色彩、氛圍極不相襯。此外，它和大自然的景觀、光影也不甚協調。

要是克羅格發現了藏在深谷之下的景觀，他也許會成為藝術史上超現實主義的始祖。陸地上的生活，是橫向發展的；一切都在平面上發生，高度也僅及於最高大的樹木。群鳥確實能夠高飛，但牠們大部分時間還是在離地面不遠處度過。然而，大海是垂直的存在；它是一塊有連貫性、由海水構成的表面，平均深度約達三千七百公尺。從水面到深海底，生命都活躍其間；也就是說，地表的絕大多數生存空間，都存在於海中[12]。包括雨林在內的其他地形，和大海相比，都要相形失色。

假如我們把關於海洋深度與廣度的知識整合在一起，我們就能合理地確認：陸地上的一切，所有山脈、丘陵、原野、森林、沙漠，甚至城市及其他人工產物——都可以輕易地裝進海裡。地表的平均海拔高度，只有八百四十公尺。假如我們把整座聖母峰埋進最深的谷底，在整座山脈下沉、消失無蹤以前，只會濺起一個大水花。而大海裡的海水總量之多，多到可以讓我們想像：假如海底上升到現今的海平面高度，各大陸將被厚度達數公里的鹹水層覆蓋，只有最高的山脈尖端能夠伸出水平面。

我們發現自己置身於炙熱的艷陽與明鏡般閃耀的海面所構成的平面上。羅浮敦當地居民把這種海面平靜的罕見情景，形容為**寧靜**、**晶亮之水**（Transtilla）。呈現在我們面前的大海，就有五百公尺深。在那層幾乎潔白的黏膜之下，我們完全無法猜想到底發生著什麼事情。在我們眼前的巨型海藻底下，存在著黑鱈（sei）、黑線鱈（hyse）、鱈魚、青鱈

（lyr），以及許多其他物種的魚類，甚至牠們的幼卵。整個生態系從海藻帶下方延續下去，在一百五十到兩百公尺的深度，再怎麼澄澈、明亮的光線，也幾乎全被海水吸收了。還在這個深度閃爍的，只剩下一抹遙遠、灰暗、強度類似老朽電視機的光線。下探到五百公尺處，就真是暗無天日了。光合作用完全停止，任何植物都無法在此生存。而這種深度，正是格陵蘭鯊的棲息地。

在深海所發生的一切，對我們而言總是個謎。直到大約一百五十年前，人類才開始對海洋有所理解。這段期間以來，人類對海洋的理解突飛猛進，新知識徹底取代了絕大部分的老朽成見。一八四一年，著名的自然科學家艾德華・富比士（Edward Forbes）在親臨愛琴海進行探險後，一舉認定：寬廣、陰暗的海底，不存在任何生物。然而，包括一八一八年約翰・羅斯（John Ross）北極探險隊在內的許多探險之旅，已從近兩千公尺深海中取回的海水採樣，證明深海的生態系依然富麗多姿。

在挪威西南海岸一座孤零零的小島上，還有一位科學家知道，艾德華・富比士的說法真是大錯特錯。麥可・沙斯（Michael Sars）與兒子喬治・歐錫安・沙斯（Georg Ossian Sars）是世界第一批能夠以科學實證，證明海底絕非水下沙漠、毫無生機的科學家。他們堪稱挪威最精明、幹練的自然科學家。假如我們考量到他們的背景，他們的努力與成就更是令人驚艷。麥可・沙斯來自卑爾根，出身寒微，他真正的寄託在於海洋生活，但要在這塊領域開拓出一片職業生涯，簡直是不可能的事情[13]。相反地，他來到奧斯陸，成為了神學家，和朋友的妹妹麥倫・威爾恆（Maren Welhaven）訂婚。一八三一年，他成為濟恩島（Kinn）教會牧師；該島就位於福德峽（Førdefjorden）峽灣外海。沙斯將閒暇時間全部投入研究海洋生態。早在一八三五年，他就寫下成名作《卑爾根海岸新奇與珍異物種的觀察與描述》（*Beskrivelser og Iagttagelser over nogle mærkelige eller nye i Havet ved den Bergenske Kyst levende Dyr.*）。挪威國會（Stortinget）意識到他的才華，頒給他一筆獎學金。他憑藉這筆獎學金環遊歐洲，並與巴黎、波昂、法蘭克福、萊比錫、德勒斯登、布拉格與哥本哈根等地大學中頂尖的自然科學家建立聯繫。一八五〇年代初期，沙斯以划艇和鏟土機對地中海海底進行研究；他在八百公尺深的海底發現生物蹤跡，不過他並未再往下探究。

沙斯的探險使許多人神往不已，彼得・克里斯欽・歐斯畢森（Peter Christen Asbjørnsen）就是其中之一。後來，他詳細收集挪威民間故事與傳說並因而成名。就在歐斯畢森走訪與世隔絕的山谷、追尋古老民族探險的同時，他也將部分時間投入另一塊領域。他有心成為海洋學家，麥可・沙斯就是他的好榜樣。一八五三年，歐斯畢森出版了一冊標題為《貢獻給克里斯蒂安尼亞峽灣的沿岸動物》（*Bidrag til Christianiafjordens Litoralfauna*）。論文主要探討現今奧斯陸峽灣潮間帶，各種不同的生物形態；然而，歐斯畢森真正醉心的，還是深海底部的生物。

就在論文出版的同年，歐斯畢森藉著政府補助的獎學金前往挪威西部，對當地高深的峽灣進行考察。他先拜訪了麥可．沙斯，沙斯當時已是北霍德蘭郡（Nordhordland）洛德島（Radøy）的曼格（Manger）教區牧師。歐斯畢森當時正致力於為麥可．沙斯設立一項非比尋常的教授職。在說服這位牧師申請教授職以後，歐斯畢森就著手進行自己的海洋生物學研究。他的研究結果，在動物學界引起關注。歐斯畢森藉著自製的水底鏟土機，順利從哈丹格峽灣（Hardangerfjorden）四百公尺深處，挖出一隻珊瑚紅、「像珍珠一般閃耀」的海星，頓時成為科學界新發現。由於歐斯畢森是海星的發現者，他有權為牠命名。他將牠的學名定為Brisinga endecacnemos，或稱布里希嘉曼（Brísingamenet）。根據北歐神話，那本是屬於女神芙蕾雅（Frøya）的美麗胸針；然而，它卻被搗蛋神洛奇（Loke）藏在海底。

歐斯畢森認為，他所找到的海星是獨特的新物種，但當麥可．沙斯表達異議時，他選擇屈就。後來，經過證實，歐斯畢森的假設是正確的，但他卻被剝奪了這份本應屬於他的榮譽[14]。

儘管歐斯畢森持續不斷努力，他大體上並未獲得自己極力追求的國家研究補助金與名望。想成為海洋生物學家的理念停滯不前，無疾而終。他必須做出新的規劃，而森林對他也有著獨特的吸引力。一八五六年，他前往德國，就讀於位於塔蘭（Tharandt）的薩克森皇家森林學院。他在各科均獲得最優秀的成績，取得學位，並使挪威的森林與濕地管理更加進步[15]。

有時，有些人能夠實至名歸。偉大的德國演化生物學家恩斯特・海克爾（Ernst Haeckel）如此形容麥可・沙斯：「所有有幸能夠認識他的人，都愛極了他健康、充滿活力的氣息，善良的性情，清楚的思緒。他的多才多藝，使人永難忘懷。」[16]挪威史上第一艘下水的海研船，就是以麥可・沙斯命名。當前，挪威海洋學家所使用的最新船隻滿載先進科技，航行時異常寂靜（構想在於不讓馬達聲影響聲學儀器的運作），這艘船就以麥可・沙斯的兒子喬治・歐錫安命名。

他傳承了父親的志業，努力不懈，追根究柢，使挪威的海洋科學研究不斷進步。一八六四年，喬治・歐錫安・沙斯成為第一位獲得挪威政府的贊助薪資，並頒發「海洋研究學家」頭銜的挪威國民。同年，他來到羅浮敦群島中的史柯洛瓦島。他將史柯洛瓦島作為研究基地，從挪威西岸峽灣海底取出大量海洋生態樣本。

喬治・歐錫安・沙斯在一八六八年發表的研究結果中，包括被稱為「沙斯的羅浮敦海百合」的海百合物種（Rhizocrinus lofotensis）；這些研究結果，引起國際科學界關注[17]。根據沙斯的形容，羅浮敦海百合就像是一種「活化石」，在科學家們想盡辦法在地球上尋找活化石之際，牠的發現無疑為演化理論提供依據，判定地球與生命體的年齡。

即使如此，深海海底蘊含豐富生態系的發現，也是經過漫長的時間，才為大眾所接受。一八六〇年，大西洋海底架設電報通信的電纜時，一位參與架設工作的工程師就宣稱：附著在焊接線上的海星與抱球蟲目（globigerina，一種在海底數量龐大的浮游生物）在纜線架設工作中被拉出深海。而根據當時的科學觀，海底根本不可能存在生物。絕大多數科學家對這種發現，均抱持懷疑的態度。雖然這些動物，有許多很明顯就是深海物種，還是有人辯稱，牠們是從被撈出的半途中才附著在焊接線上。然而，導火線已經燃起，這些發現再也不容漠視。

蘇格蘭著名動物學家查爾斯．威維爾．湯姆森（Charles Wyville Thomson）於一八六八年，針對閃電號（Lightning）探險向英國倫敦皇家學會申請補助經費時，就曾提到歐斯畢森的海星與沙斯所發現的羅浮敦海百合。探險目的在於探索蘇格蘭海岸以外的深海區。這趟探險，不止證實了挪威人的說法，更有進一步的發現。探險家從一千兩百公尺深的海底，發現非常有趣的生命形態。

當英國人在一八七二年進行第一次大規模、現代化的海洋探險時，C．W．湯姆森當然是成員之一。英國皇家海軍的挑戰者號（HMS Challenger）配置了兩百七十名船員（包括軍官與隨船航行的科學家），在整整四年的時間內繞遍全球各大洋。整趟航行中，他們不斷量測深度，判別不同的洋流，並測量海水溫度。在不同深度的開放水域中進行拖撈，而且依照麥可．沙斯所發展出的方法來取得海水樣本。

挑戰者號探險的結果，奠定了現代海洋學的基礎；既然最有學術聲望的科學家（包括英國人）都已經證實海底存在生物，深海是了無生機區域的說法，再也無人敢提出。媒體和通俗文學界熱切地討論，海底究竟發現了哪些生物。例如，一八八二年的《普及自然科學淺論》（*Skildringer af Naturvidenskaberne for alle*）[18]上，就刊有歐洲頂尖科學家與專家學者的翻譯文章。其中，人們對深海區域的興趣尤其受到極大的關注。英國研究海百合的專家菲利浦·賀伯·卡本特（Philip Herbert Carpenter）也是挑戰者號探險的成員之一，他在〈海底〉（Havets bund）一文的開頭處寫道：「由於其位置的關係，使得我們之中絕大多數人，都未曾有過親自探尋深海奧祕的機會；因此，深海對我們而言，是一塊全然陌生的領域。」卡本特才華洋溢、天賦異稟，但在短暫的一生中也備受折磨；長期失眠使他發瘋，而在一八九一年以氯仿自殺。然而，卡本特比絕大多數人都更能領略到海底的奇景：「我們的探索告訴我們：廣大無邊的海底，在許多方面都與地球表面有著相似之處。在海底，存在著獨特的山岳、峽谷與波狀起伏的平原。它的構成在不同的地方，有著顯著的差異性：它有屬於自己的沙漠，有獨特的肥沃月灣，森林和峭壁；而且如同地表那樣，是眾多不同動植物的棲息地，更有著季節的遞嬗更迭。」[19]

卡本特寫下這段文字後近一百年，大眾普遍認為：海底的生物多樣性相當貧乏，深海處只有海參、蠕蟲與小型生物存在。當時的人們相信，只有少數水下生物能夠在深海底部存活。儘管到了今天，只有少數的海底潛水器能夠抵達海底的最深處。然而，每一次探險中，探險人員不只發現新物種，還探索到人類所未知的生命形態。研究人員每次將鏟土機與探測網沉入深海底部時，也幾乎總有前所未見的新發現。他們撈上的物種之中，絕大多數都是人類聞所未聞的。

直到近年來，我們還堅信深海底部了無生機；然而，那其實是一塊生氣蓬勃的天地。那裡固然暗不見底，但絕大多數物種能以各種可能的形式、發出各種不同顏色的光線，藉此誘使獵物上鉤。深海底部，其實是存在著閃爍的、鮮明的光線。由於漆黑深海底部存在的物種數目遠多於陸地上的物種，因此光線（我們姑且將它視為一種語言）其實是地球上最廣泛使用的溝通方式。在海平面下方數千公尺深海的許多區域，有許多發出白熱光、閃光與脈衝光，各種奇形怪狀、光怪陸離的生物。包括深海的角鮟鱇（Dyphavsmarulken）在內的許多魚類，會從頭頂或下顎處伸出一道拱形桿，尾巴上還有一盞燈籠，會在兩眼前閃來閃去。牠在海柱中安靜地潛伏著，從張開的大嘴裡伸出長而尖銳的牙齒。牠身上有著數以百計的觸角，使牠能夠感應到水中最細微的動靜。等到獵物靠得夠近，牠就一舉出擊。許多物種，幾乎就像玻璃一樣澄澈透明。只有在微小的消化器官閃動光線時，才會暴露牠們的位置。牠們遭遇危險時，就會在體內灌入大量海水，使自己的身體變得更加透明。有些生物身體呈圓球狀，且沒有頭部；其他物種看來則像是流動著脈衝光原生質的繩子或緞帶，優雅地婆娑起舞，相當搶眼。有一種水母群巨型管水母（Praya dubia），不只全長可達四十公尺，還有三百個胃。有一種烏賊共有八個觸腕，每個觸腕上都有碩大的發光器，獵食時所有發光器會同時閃動，使獵物誤以為自己面前迎來一棵龐大、閃閃發光的聖誕樹裝飾品[20]。假如警報水母（Atolla wyvillei）遭到攻擊，身體會猶如一台緊急車輛般，閃動數以千計的藍光。這場閃動的燈光秀會使攻擊者失明或者感到困惑，甚至招來大型猛獸，一口咬住困惑不解的旁觀者，解除水母本身的危險。

深海物種所產生的光線，絕大多數是藍光，原因在於藍光能傳播到海底的最深處。這也是海水呈藍色的主因。藍光是深海中，絕大多數物種所能見到的唯一色光。包括小牙厚巨口魚（Pachystomias microdon）在內的若干物種除了藍光以外，還能發出紅色光。牠能藉由紅色光，接近其他水中生物，而這些生物對自己面前的光束，則是渾然不覺。黑軟頜魚（拉丁學名：Malacosteus niger）是另一種巨口魚；牠的挪威語名字，真該被稱為「伸口魚」（slengkjeften）。牠能將嘴巴從下頜部伸出，就像彈弓一樣富有彈性。

許多物種還運用光線求偶。牠們在釋出自己的光線信號時，還可能同時招來掠食者的注意；因此，這是有一定危險的。有些生物發展出能夠狡猾地模仿其他物種求偶信號的器官，以便吸引獵物前來，而後再將牠們一舉吃掉。

在海中，隨時有來自四面八方的敵人。因此，許多生活在數百公尺下水柱上的動物，在身體下緣發出偽裝用光線，使牠們無論從上方或下方望去，都彷彿隱沒在水中。這是很獨特的防衛機制，不過，還是有其他裝置或器官，能夠識破這些偽裝。有些物種的雙眼能區別上方獵物所摹擬的、由細菌所形成的光線，進而清楚地看見獵物的輪廓。

有一種生活於五千公尺深海的海參，在遭到攻擊時，會融解自己的皮膚。牠的皮膚黏黏的就像雙面膠，會附著在掠食者身上，使掠食者無法伸出指爪攻擊，海參便可趁機逃開。其他生物則使用毒氣或尖刺自衛。從來就沒有人聲稱，深海的生物是單純而讓人愉快的。

然而，假如我們能在陰暗、冰冷的深海處游泳，這種體驗就像飄浮在太空中來去自如，四周被閃爍的星斗環抱著，而那些就是你無法想像的的生命形態。能夠以觸手在水底「行走」，色彩斑斕的魚類。披著白毛的基瓦多毛怪（又稱雪蟹，Yeti-krabber）。魔鬼魚（Djevelfisken，拉丁學名為 Caulophryne polynema〔多絲莖角鮟鱇〕）的頭頂有根釣魚竿，宛如節拍器的擺錘一樣前後晃動著，尾端還有一處引誘獵物上鉤的光線。所有魚類發出的光線，都不比「夜間發光的魔鬼」樹鬚魚（Linophryne arborifera）要強。牠從口鼻部伸出一條長長的天線狀結構，下頜還掛著一條和自身長度相當，類似灌木叢枝的觸鬚。我們現在所談到的，都是雌性魚的特徵，雄性魚只不過是在生命初期，附著在雌性魚腹腔的小寄生蟲罷了。牠終其一生，就用這種方式生活。牠從雌性魚的血液獲得養分，並定期貢獻自己的精液，作為回饋。

巨烏賊（Architeuthis）能夠以高速在海中（大概離海底僅有數公尺處）水平滑動，觸手縛在背後，像是在進行水中體操運動，像碗盤那樣大的眼睛從不眨動。牠的配備，可是連美國國防部都想要起而效尤的水上噴射機引擎，以及偽裝系統。

曾踏上外太空的人們，比探索過深海的人數還多；我們對月球表面，甚至火星表面那早已乾枯的河湖，了解更是深入得多。在那底下深處，生命就像一場要花上許久才會甦醒的迷夢。

各種有機物質像雨點或雪片般持續落下在整個水柱中，為數可觀的各種特異物種，則善加利用這些落下的資源[21]。過去幾年來，從海底進行的隨機取樣就發現了如此繁多的物種，以至於有些人相信：單是這個生態系統，可能就包括數百萬個物種。海洋的大多數生物還是會在水面棲息，因為那裡每個類型的數量都比較多。儘管如此，絕大多數的物種卻存在於深海底。幾乎所有深海的生命體，都有著令人驚訝的特質；牠們彷彿屬於另一個星球，或來自於有著其他規則、能夠滿足各種奇思異想的遠古時代。

7

雨果和我正向挪威西岸峽灣進發，但我在半路上就要求他減速、停船，好讓我能脫下隔熱衣。過去，航經這些水域時，熱度對我而言從不是問題。羅浮敦山壁越來越接近，但霧氣使它變得模糊不明，遠山變得柔軟起來，即將融解。

就在雨果重新加速後不久，我發現：在我們前方數公里處浮出一道水柱，和船的右舷有一段距離。我轉過身來，指給雨果看，他點點頭，以滿檔的全速衝刺。現在，我們似乎正迅速接近一座小島，小島在陽光底下光滑、閃閃發亮。但是，我們現在可是身處開闊的外海，基本上不存在小島，而我們眼前這個物體，正在移動著。我們已經見到好幾隻鼠海豚（niser），但出現在我們眼前的，顯然是別的東西。雨果開始高聲說話。

「**不管怎樣**，這絕對不是小鬚鯨。會不會是一群長肢領航鯨（Grindhval）？」

當我們駛近到離該物體僅有數百公尺遠處時，雨果才發現：這也不是長肢領航鯨。出現在我們眼前的，可沒有長肢領航鯨的背鰭。再者，這也不是一群鯨魚，而是一頭龐然大物。有那麼一瞬間，我懷疑我們是不是碰上了一艘潛艦。雨果全身緊繃，眼神肅穆，嘴巴微微張開，發狂似地在內部圖冊中，翻找著關於各種不同鯨魚的資料。當我們與不明生物的間距剩下兩百公尺時，他喊道：

「這是一頭**抹香鯨**（Physeter macrocephalus）！」

呈現在我們眼前的，可是海中體積最大有齒類鯨魚的背脊。隨著我們不斷接近，牠的身體開始彎曲。當我們接近到三十公尺處時，牠進行最後一次噴氣，然後將頭部沉入水中。牠的尾鰭與後半身垂直伸出水面，宛如一幅岩刻上的圖案，隨後海面就在牠旁邊閉合起來。那條鯨魚消失了，彷彿有人拉動繩子把牠往深淵牽引下去。

雨果熄掉引擎。近五十年來，他一直從事海上活動，也幾乎已經完全融入挪威西岸峽灣，可以被算是當地動物生態圈的一部分了。這段時間以來，他早已見識過絕大多數生物。成群的長肢領航鯨幾乎是家常便飯，更不用說小鬚鯨、海豚或鼠海豚了。然而，這麼多年來，他就是從沒看過抹香鯨。

現在，我們只需守株待兔；假如抹香鯨真能屏住呼吸達九十分鐘之久（這是地球上所有具有肺臟動物的最長記錄），牠一定會再度上浮的。

抹香鯨不僅僅是世界上最大的肉食動物而已，牠可是**地球上曾經存在過**最大的肉食動物。把暴龍（Tyrannosaurus rex）、巨牙鯊（Megalodon）或克柔龍（Kronosaurus）全丟到一邊去吧！抹香鯨比牠們還要重、還要長。包括其他大型鯨魚在內，所有存在過、現存的巨型肉食生物，均無法與牠相比。

我們所見到的，是一頭單獨的、長約二十公尺、體重超過五十噸的雄性鯨。雄鯨與雌鯨很不一樣。雌鯨體重只有雄鯨的三分之一，而且是群體動物，有育幼行為。當其中一隻潛入海裡覓食時，其他女性同伴會負責照顧牠們的幼兒。年輕的雄性鯨常成群出沒。牠們的青春期，會持續到近三十歲。雄性抹香鯨在這個階段，直到餘生通常都已經不需要同伴。從現在起，我們所面對的就是一頭征戰世界各大洋的獨行俠；我們見到的這頭鯨，可能從南冰洋一路游到此地。假如牠遇見一群雌性抹香鯨，可能會進行交配；但是，牠一交配完就會馬上離開。即使牠遇見其他抹香鯨，還是可能會具有攻擊性。會讓雄性鯨即使在冷靜狀態下起衝突的，或許正是性挫折。雨果表示，發情、性衝動的抹香鯨，跟荷爾蒙暴衝、發情中的大象一樣瘋狂。

這頭隱入海面下的抹香鯨，也許正在追獵章魚（blekksprut），或重達五百公斤的巨烏賊（kjempeblekksprut）。潛入海面下時，鯨魚可能真的咬住一頭章魚，將其撕碎，游入海底。假如牠在下潛時一無所獲，就再度上浮，重新試試手氣。在海底時，牠會面朝上仰躺著，透過從海平面折射而來的微弱光線，搜尋獵物在水中的輪廓。抹香鯨啟用位於頭部前端的聲納系統，找出魚群或章魚群的確切位置。牠一旦發現有趣的目標時，就會加速前進，用足以容納得下雨果與我乘坐的小艇的嘴巴將獵物吞下。

被沖上岸的抹香鯨，皮膚上常布滿著深深的吸盤印痕，有些印痕直徑可達二十公分。抹香鯨與巨烏賊之間的激戰，人類從未親眼目睹過。然而，假如能夠觀看這場激戰、且對外售票，門票鐵定會被秒殺。長期以來，巨烏賊一直被視為如傳說般的動物。牠不只有八隻長達八公尺的觸肢，還有光滑、使人感到噁心的粗大倒鉤，足以撕碎海中大部分生物。這種大海怪的觸手，根據法國科幻小說家朱爾．凡爾納（Jules Verne）的說法，就像衝冠的怒髮一般。牠的雙眼又大又圓，所以與牠做眼神接觸輕而易舉，且由於沒有眼瞼，因此牠從不眨眼。

抹香鯨頭部前緣，有著動物界中體積最大的發聲器官。這個器官，重達十公斤。它發出的聲響，音量高達兩百三十分貝（相當於離耳朵十公分處，來福槍響的音量）。雄性鯨的音量可謂大如雷鳴；雌性鯨的交談速度比較快，宛如電報的摩斯密碼。

抹香鯨堪稱演化生態學的重量級冠軍，真該在腹部綁上一條大大的銀帶。然而，抹香鯨還是有天敵的；牠們生育的後代胎數，遠比其他所有鯨魚類動物要少，對後代的養育、呵護，更要花上許多年。未成年的幼獸，可能會遭到成群的虎鯨（Spekkhogger）或長肢領航鯨攻擊；這時，成年抹香鯨就會排出所謂的瑪格麗特隊形（Marguerite-formasjon），環繞在幼獸周圍，使動作更快、更靈活的虎鯨沒機會將小抹香鯨從團體中分散，進而被分食。成年抹香鯨可以做雙向轉動，以尾巴或牙齒作為痛擊進犯敵人的武器[22]。

抹香鯨下潛的深度可達海底三千公尺，在哺乳類動物中居冠[23]。在這樣的深度，肺臟被水壓壓縮到扁平。抹香鯨頭部有個巨大的腔室，貯藏在腦中的鯨蠟冷卻、凝結時，會抵銷壓力，增加身體比重，有利於一路下潛。越接近海面時，鯨蠟會受到加熱而變成液態，有助鯨魚往上浮。直到人工合成油在百年前發明以前，鯨腦油堪稱最貴重的油脂。它澄澈、透明，且氣味芳香。一頭成年抹香鯨腦中最多可貯存兩千公升的鯨腦油。人類就使用這種粉白相間、如蠟狀、精液般的液體，生產出最高級的蠟燭、肥皂與化妝品。鯨腦油也被用來潤滑最昂貴的精密儀器。

這頭龐然大物身上富有高價值的物品，還不只如此。一頭抹香鯨身上就有數十噸的鯨油與肉質、巨大的牙齒，價值堪與象牙相比擬。根據傳言，捕鯨人還會用鯨魚巨大陰莖上的皮膚，編織雨衣。不只如此，抹香鯨還有著地球上所存在過的動物中最大的腦部。這顆鯨腦的重量，可是人腦的六倍。鯨魚陰莖的重量，則比人類的陰莖重上數百倍。

最重要的是，抹香鯨還會從腸道中排出一種叫作龍涎香（Ambra）的物質。由於龍涎香被用來製造香水，因此堪稱抹香鯨全身上下最有價值的精華。許多人因而將它與各種怪誕的特質連結在一起。昔時，當人們在海面上發現龍涎香，或當低潮時其被沖上潮間帶，大家還以為它是海蛇的唾液。過去，龍涎香被稱為鯨琥珀（Ambergis），雨果本人就曾在潮間帶發現過這種物質。他形容，它是一種灰色、蠟狀的碎塊，氣味獨特而香甜。

抹香鯨有著很高的需求量，因此遭到濫捕而瀕臨絕種。位在挪威最北端的安德於島（Andøy）安德內斯村（Andenes），是個重要的漁業站，直到一九七〇年代前都系統地進行抹香鯨的捕殺。在捕鯨人開始操作融合加農砲技術的魚叉以前，他們使用能刺穿鯨魚身體的大型魚叉，再將它固定在倒鉤上。當然了，他們也曾多次錯失過目標。被魚叉擊中的抹香鯨，假如並未傷到重要器官，還能帶著身上的魚叉在海裡游上數年。

在雨果和我周邊，有一種輕柔、帶著音樂般律動的濺潑聲，除此以外，一切非常寧靜。海水舔舐著它外膜的下緣，從天幕散發出的光輝，映照著窪地與高原[24]。閃動的海面像是一塊緊密的光盤。它發亮的程度，簡直本身就是光源。在西邊，海水突起，形成一道凸透鏡，外觀好像一個發酵中的麵包。我們望見地表曲線的脈動。目前，仍不見抹香鯨的蹤跡。假如我們今天運氣並沒有特別好，再見到這頭鯨的機會是微乎其微。然而，今天可不是尋常日子，海面如此寧靜、天氣如此晴朗澄澈，我們應能從數十公里開外，發現巨大抹香鯨的蹤跡。

雨果向我講述上個世紀末發生的一起事件。當時，一條抹香鯨攻擊一艘滿載一整家人、準備前往教堂的小船。他們從羅塔灣（Lottavika）啟程，準備前往雷恩（Leines）小鎮；鯨魚在途中現身，將他們搭乘的小船撕成碎片。全家人悉數溺斃、淪為波臣，只有一個十六歲的少女倖存。使她能夠飄浮在海面上的，想必是她連衣裙裡充氣的口袋了。

這個故事的核心部分是真的，但研究地方史的學者相信：這條抹香鯨可能是在要捕食鯡魚之際，不巧撞擊了那艘小船。

然而，一八二〇年，當一條抹香鯨在南太平洋攻擊來自美國南塔克特（Nantucket）的艾塞克斯號（Essex）捕鯨船時，就不只是單純的意外事故了。這條全長二十七公尺的捕鯨船上，船員認為這條鯨魚全長二十六公尺。他們從沒見過這種龐然大物。在好長一段時間裡，鯨魚安靜地待在艾塞克斯號前方一段距離的水域裡，彷彿目視著捕鯨船。突然間，鯨魚全速衝向捕鯨船，使盡全力攻擊船身，在船首撞出一個大洞，甲板上的船員全摔到船邊。隨後，鯨魚再次來襲，將船首的另一邊撞得粉碎。鯨魚繼續攻擊，直到這艘排水量兩百三十八噸的捕鯨船沉入海底才停止。捕鯨船的大副歐文・蔡斯（Owen Chase）和大部分的船員幸免於難。蔡斯在《捕鯨船艾塞克斯號最離奇的悲慘海難記事》（一八二一）（*Narrative of the Most Extraordinary and Distressing Shipwreck of the Whale-Ship Essex*）一書中，對這場災難有詳盡的描述。

這並非大型船隻遭到抹香鯨攻擊、沉入海底的唯一書面記錄。但由於艾塞克斯號的事故給了赫曼・梅爾維爾（Herman Melville）寫下大白鯨莫比・迪克（Moby-Dick）故事的靈感，它便成為其中最著名的海難。全書區分成關於捕鯨與鯨魚解剖學、行為模式，宛如編年史般的章節，如〈抹香鯨的頭部〉、〈鯨魚骨骸的量度〉以及〈鯨魚會不會變小？〉等。根據敘事者以實瑪利描述，對阿哈船長而言，這頭大白鯨就是所有邪惡力量的化身，只有一部分心思深沉、縝密的人才會體驗到這股肆虐的力量造成的破壞：

> 這從創世以來就流於無形，抽象的邪惡，竟還能支配著大半個已接受過基督教洗禮的現代社會，以及那古老東方拜蛇教教徒對他們偶像的頂禮膜拜——當然，阿哈船長沒有像他們那樣下跪，但他卻把自己的狂熱轉移到這頭討厭、可憎的大白鯨身上。為了與牠對抗，他不惜讓自己陷入危境、遍體鱗傷。對瘋狂的阿哈船長來說，那導致瘋狂、痛苦的一切；那撥弄渣滓的一切；所有隱含著邪惡的真相，使大腦癱瘓疲軟、撕裂所有力量的一切；存在於生命與思維中一切幽微的淫邪——這一切罪惡都是莫比・迪克的化身。因此實際上，牠是可以被攻擊的。25

阿哈船長確實是瘋了，而且他的瘋狂是具傳染性的。這頭抹香鯨簡直成了所有船員的公敵，而且程度幾乎相仿。莫比．迪克以一種以實瑪利所不了解的方式（在此，和我們讀者直接對話的，是作者梅爾維爾），成為船員們「無意識的領悟」裡「潛伏在生命之海中的巨大惡魔」：

> 我們所有人心中，總存在著一個地下礦工的身影；從他鋤頭那移動不定、低沉壓抑的挖掘聲中，我們又怎能得知，他挖掘的礦坑將通往何方？那使人無法抗拒的手臂的拉力，難道不是大家都能感受到的嗎？[26]

全人類都被阿哈船長帶領著，因為他們心中都有著相同的元素：繼承了能摧毀世界與周遭所有人的一種本能性的兇殘力量。這也是最具自我毀滅性的：莫比．迪克既是梅爾維爾的年代裡，被碎屍萬段、瀕臨絕種的哺乳類動物，也是人性中最黑暗、邪惡的力量。好比熾烈的復仇心理，對所謂真理的偏執追求，以及對「天真無邪的大自然」的主宰與駕馭。是阿哈船長在追獵白鯨，而不是白鯨在追殺阿哈船長。最後，他被自己魚叉上的繩子纏住脖子，落入海中。他就這樣與大白鯨同歸於盡了。

直到一九七〇年代的一百多年來，總共有超過兩億條不同品種的鯨魚遭到捕殺。短短數十年來，當地數以萬計的鯨魚族群，竟已變為屈指可數的驚弓之鳥[27]。總部位於拉維克（Larvik）、通斯堡（Tønsberg）與桑德爾福德（Sandefjord）的挪威公司，五十多年來一直在南冰洋與澳洲、非洲、巴西及日本外海從事工業化捕鯨。挪威的造船廠趕建著巨型工業化漁船，以高效率運作的鍋爐也被運到南喬治亞島（Sør-Georgia）與南極洲的迪塞普遜島（Deceptionøya）。一九二〇年，單是在迪塞普遜島一地，就已設有三十六座鍋爐處理高達一萬公升的鯨油。在藍鯨瀕臨絕種以前，捕鯨船每季都捕上數以千計的藍鯨以及一定數量的其他品種。還在母親腹中的小鯨被開腸剖肚，丟進全天二十四小時運轉的壓力鍋裡。構成每天的不再是小時數，而是捕獲的鯨魚數，以及生產的油脂量。從巨大、滾燙鍋爐中冒出的油煙和蒸氣，就像一層厚重的布幔，覆蓋整個工作站。一頭藍鯨體內就有超過八千公升的血液，那些剝鯨魚皮、取鯨魚油的人們，在捕鯨季的四個月中，從不間斷地跋涉在血肉與油脂中。

鯨魚屍體的腐臭味，可是筆墨難以形容的。鍋爐與工業化捕鯨船通常無法處理掉屍體，這意味著鯨魚屍體被沖上岸擱置在前灘後，體內的氣體持續發酵，把屍身撐得像齊柏林飛船一樣鼓脹。一旦屍身上被扎了洞，或當氣體爆裂開時，那股惡臭足以使人暈厥。周邊的空地，宛如一片經過殺戮的鯨魚墳場，但見數以千計的碎片、骨頭與遺骸散落一地，逐漸腐爛。有些親歷其境的人堅稱，他們一輩子擺脫不了這股惡臭，甚至在數十年後，惡臭味還在鼻孔裡飄溢不散[28]。

所有鯨魚在廣大的空間內，都能與彼此溝通。然而，人類日益繁重的航運行為使鯨魚之間的溝通越來越困難；可是，和「全世界最寂寞的鯨魚」所面對的困境相比，這還算是比較容易解決的問題。長鬚鯨通常以二十赫茲的頻率進行溝通，牠們只能聽見處於該頻率附近的聲音。然而，就在幾年前，鯨魚學者發現一隻患有「特殊殘疾」的長鬚鯨，讓他們震驚不已：牠歌唱聲的頻率，接近五十二赫茲。這意味著：沒有其他長鬚鯨聽得見牠的聲音，牠無法與同物種的夥伴交流。其他同伴也許會揣測牠是個啞巴，或者屬於另一物種，又或是個不善社交的怪胎。「全世界最寂寞的鯨魚」只能獨來獨往。牠甚至完全不遵循其他物種在世界上各大洋的遷徙模式[29]。

雨果小時候，就常待在白山三號上，這是一艘能應付捕捉各種魚類，以及在捕鯨旺季出海捕鯨的漁船。雨果曾經在船塢見到一頭長肢領航鯨還在怦怦直跳的心臟，就他記憶所及，他在甲板上看到一條條的血絲噴灑滿地。然而，當時他是在白山號從巴倫支海巡獵歸來，鯨魚身體應該已被裂解成各重約三十公斤的大肉塊。因此，連他自己都開始質疑這次回憶的真實性。這頭鯨，會是在挪威西岸峽灣捕捉時他所看到的嗎？不管怎樣，內側的血管有如纜線般粗大，在心臟被一分為二時，血管清晰可見。在賀涅松德的碼頭上，工人已經準備就緒。他們用閃亮的肉鉤撕開心臟與肉塊，然後沿著碼頭邊拖行，一路下到冷藏室。

那隻抹香鯨的情況又是如何呢？鯡魚在我們周邊的海域翻騰著。海水是如此的晶亮生光，使我們從遠距離就能看見魚群朝我們而來。假如我們有大型漁船作業用的圍網，鐵定能撈上許多噸的漁獲。海鳥（Sjøfuglene）在魚群周圍盤旋，爭食著魚群，直到牠們撐得幾乎難以飛行為止。這包括暴雪鸌（havhester）（屬於鸌科〔stormfuglfamilien〕）、鸕鶿（skarv）、歐絨鴨（ærfugler）、刀嘴海雀（alker）與普通的海鷗（måker）。就連一隻北極燕鷗（rødnebbterne）（世界上遷徙路徑最長的動物）也在低空掠過我們的船。北極燕鷗每年往返於北極與南極之間。

大海的耳語，乾燥而溫暖的陽光，澄澈的空氣——一切是如此祥和。這樣美麗的天氣，將會在往後的歲月被記憶所召喚。只有一個東西破壞掉這片寧靜景致，就是那頭蘇格蘭高地牛了。我們已用三層塑膠布包覆住屍塊，但惡臭仍清晰可聞，這股氣味顯然想掌控整座挪威西岸峽灣。幾隻海鳥靠近船身時，在半空中轉身飛走；其他海鳥則做出詭異的飛行動作，彷彿在一瞬間陷入昏迷。四十五分鐘過去了。抹香鯨會不會已經逃得太遠，以致我們無法發現牠？接著會不會再度潛到水面下，持續地遠離我們？

就在我和雨果熱切討論成語「爛醉如泥」（挪威語本意為「醉到像海雀一樣」〔full som en alke〕）的起源時，我們聽到遠處傳來一聲巨響。剎那間，我們正襟危坐，靜聽著——就是牠，牠又出現了。

「這種聲音，聽來真像土石流。我覺得他們一定是在岸上進行爆破，」雨果邊說，邊朝卡伯爾沃格探頭望去。

一陣如雷巨響再次傳遍海面。這聲響很像教堂裡管風琴的最低音，但卻更濕潤，也更像一層沉重的咕嚕聲。這絕不是從陸地上傳來的爆破工程聲。那是一頭透過氣孔排氣、吸氣的鯨魚。

「在那兒！」雨果喊道，一隻手指向北方，另一隻手轉動引擎的鑰匙。遠處海面泛起一片噴泉狀的水柱，雨果加足馬力。幾分鐘後，我們就相當接近這頭巨獸。鯨魚幾乎完全靜止不動，呼吸著。牠每次排氣，水花就噴濺而出，水柱一探出頭部左側前緣的排氣孔時，像極了一道從消防栓噴發出來的水。我們聽見氣體被吸入鯨魚肺部時的聲音，宛如快速行駛中的車，從開啟的車窗傳來的風聲。期間，空氣中還傳來厚實、深沉的隆隆聲。這就是「巨獸貝西摩斯發情時的呻吟聲」。

鯨魚前後游移，我們觀察到牠表面上怪異的結節與鯨脂的褶層。這頭巨獸呈現在我們眼前的部分，幾乎是船身的兩倍大。我們還能一瞥藏在水面下鯨魚的頭頂，形狀恍若科拉半島（Kolahalvøya）。抹香鯨的體積，可與巴士相比擬。我們見不到深藏於水下的雙眼，但毫無疑問，牠顯然已經發現我們了。

在前往非洲、印度與印尼的旅程後，我對各種各樣的大自然體驗、野生動物的生態，已有點倦怠厭膩了。而現在呢？我只是靜坐著、張望著，被鯨魚的力量與體型震懾住了。然後才回過神來抓起我的相機。

雨果把船進一步開到更接近鯨魚的位置，我開始坐立難安。假如鯨魚被惹毛了，狠狠用尾巴甩我們一巴掌，怎麼辦？我們會被拋上半空後再下水，沉重的馬達與推進器還在運轉，而這裡離海岸可遠得很。雨果表示：只要我們把船保持在鯨魚身體的前半段位置，就能確保相安無事。

幾乎所有人都知道《白鯨記》，更多人還聽過聖經中鯨腹裡的約拿的故事。就連喬治・歐威爾（George Orwell）都在評論集《鯨魚中》（*Inside the Whale*），以引伸義描寫身處鯨魚腹中，是什麼樣的感覺：

> 歷史上的約拿（假如我們真能這樣稱呼他的話），可能相當慶幸逃過了鯨魚這一劫；許多人卻在自己的幻想與白日夢中，嫉妒約拿的奇遇。原因顯而易見：鯨腹其實就是一個子宮，空間大到足以容納一個成人。你可以待在那兒，一個陰暗幽微、受到保護的、非常適合你的空間裡，你和現實之間，還隔著厚厚一層鯨油。在那兒，不管外界發生任何事情，你仍能保有漠然不動的態度。一個足以將全世界戰艦都打沉的恐怖風暴，在你耳中細若蚊蚋，連回音都不是。你可能甚至連鯨魚本身的移動也毫不察覺。牠可能在浪頭上翻轉，或以高速直衝漆黑的深海底部（根據赫曼・梅爾維爾的說法，可深達一千六百公尺）。但是，你永遠觀察不出其中的差異。撇開死亡不論，這就是不負責任所能達到的最終極、無與倫比的境界了。30

實際時間也許只過了三分鐘，但感覺上卻有十五分鐘；這時，抹香鯨準備再度下潛。牠扭動龐大的身軀，做好數個準備動作。就在我們與牠的距離剩下三、四公尺時，牠便將鼻頭向下調整，讓身體跟進，直到那半月形的尾巴伸出我們眼前的水面、悄然無息地消失為止。

現在，怪事發生了。小艇前方的水面（離抹香鯨下潛處約二十公尺）開始冒出微小的漣漪與水流，那片水域彷彿成了高壓電場。鯨魚正直衝我們而來。我望著雨果，眼神想必充滿了恐慌。他的想法和我一樣，把手放在方向盤上，輕輕地轉變方向，準備駛離正緩慢地向我們逼近的撞擊力。

突然，一切歸於寧靜。整片海面再度閃閃發亮，宛如一塊藍路。抹香鯨正游回深海處。

捕捉格陵蘭鯊？經過和抹香鯨這次不期而遇後，從現在開始彷彿我們不過是動身前往一趟尋常的捕魚之行。

8

由於我們就離計畫進行測試的漁場不遠，捕鯊計畫即刻開始。在仔細研究我們攜帶的海圖後，根據岸上的地標以三角測量法找出我們的定位（史柯洛瓦燈塔；一座位於最外緣海島上圓錐型的界碑；以及位於峽灣另一端，赫多斯森冰川〔Helldalsisen〕上的史提伯根山〔Steigberget〕），我開始在垃圾袋上鑽洞。垃圾袋裡裝滿了內臟、腎臟、肝臟、軟骨、碎骨、膝關節、腱肉、油脂、皮帶、蒼蠅卵、蛆蟲，這一切讓我持續嘔吐不已。一如我之前所提及，雨果是不會吐的，但他顯然也感受到這有多麼噁心。我把五個垃圾袋中的四個扔出船舷邊緣。每個垃圾袋底部都塞了厚重的石塊，讓它們能一路沉入海底。第五個垃圾袋裡，則裝有我們可以掛在魚鉤上，作為釣餌的肉屑。

這片海域的水深，至少有三百公尺。我從一些地方誌中讀到：往昔的漁夫都必須先等上一整天，才會折返，設法誘使格陵蘭鯊追咬誘餌。現在，即使這並非必要，我們還是會如法炮製。假如有一頭格陵蘭鯊出現在數十公里的範圍內，牠遲早會從深海處聞到如甜食般可口誘餌的氣味。格陵蘭鯊就像其他鯊魚物種一樣，擁有「立體音響」一般的嗅覺系統，能夠對氣味來源精確定位。儘管海面沒有波浪，但史柯洛瓦島外海總會出現強烈的洋流。由洋流在水中傳遞氣味，就像在陸地上由風傳遞一樣有效。這是我們的理論。明天，我們就可以驗證這套理論管不管用了。

第一次世界大戰期間捕鯨再度恢復。鯨肉可供窮人食用，鯨魚的肝臟可用於製造煤氣燈油，藥用魚肝油及其他許多物品。雨果的曾祖父諾曼．尤漢，其子史文、哈格柏特與史維勒（Sverre）是鎮上研製鯊魚油的先驅。換句話說，雨果的血液裡傳承著他們的精神。假如有人在捕鯊活動終止五十年後，還有意振興這項傳統，那個人非他莫屬。

我們正朝著史柯洛瓦燈塔駛去，燈塔挺立在一座島的一小片岩壁上，沿途但見更多的鯡魚群在水中不斷翻騰。牠們在小艇旁，頗富韻律地翻騰著，映照出一片銀白光波。此處的海面堪稱永難平靜，但我們今天來到此地時，海面卻異常安穩。幾近察覺不到的浪花沖上光滑的山壁，一切靜寂無聲，未曾間斷。水面厚實又慵懶，宛如一塊飄浮的膠凍。

我們就在被當地人稱為鯨豚高地（Kvalhøgda）的小島外圍水域，釋出深海釣魚用的鐵板擬餌鈞。鉛錘搖擺沉降到水底的過程中會被魚類阻擋。在最高層水域的是鯡魚，以浮游生物為食。鯡魚下方的水域是黑鱈，同樣是以浮游生物為食。在鯡魚、浮游生物與黑鱈下方，就是大型魚類了。有條大比目魚咬上了我們鉤上其中一條黑鱈，刮掉了一片皮膚。然而，可惜最後並未咬緊，沒能上鉤。

在穿越位於鹽水島（Saltværøya）與鸕鷀灣島（Skarvsundøya）之間的狹小水域後，我們眼前就是史柯洛瓦島。它其實不是一座島，而是由許多更小的島嶼組成的一小片結構。百年來，史柯洛瓦島一直是漁業與捕鯨業的中心。這出自於地理與地形因素：該島**位於**海上，幾乎就位於魚礁與挪威西岸峽灣的捕鯨場；而且史柯洛瓦島又是個安全、功能完善的良港。

現在，史柯洛瓦島上的居民約有兩百多人。漁獲加工中心在一整年中，僅在羅浮敦大西洋鱈魚季期間營運，但島上還有一座鮭魚加工與屠宰場。春季，幾乎所有在挪威西岸峽灣被捕獲的小鬚鯨，都會被運到位於史柯洛瓦島上艾林森海鮮（Ellingsen Seafood）的現代化廠房中。

史柯洛瓦島擁有天然良港，通往港灣的入口有著完美的長寬與深度。海姆史柯洛瓦（Heimskrova）則有分布較為密集的聚落，相較遠北的漁港，這個聚落更具一種鄉村的親切感。傳統上，比如在峽灣旁等空間較多的地點，挪威北部居民會把彼此的家蓋得距離比較遠。主因在於家家戶戶之間必須有足夠的空間容納小農莊、耕地、牛棚，或許還有一小塊草地，甚至位於潮間帶上船隻的錨泊地。史柯洛瓦島上的草地不多，絕大多數屋舍分布緊密，散落在各小島上。

每年五月到九月，這些島群終日浸浴在海面粼粼的波光之中。我們搭乘 RIB 小艇乘風破浪進入港灣之際，率先映入眼簾的，正是艾斯約德漁產加工廠。它挺立在里雄門島（Risholmen）上，三面環海，所有人進入這片水域時，都會先見到這座加工廠。每年的這個時節，陽光高照在艾斯約德加工廠，處於永晝的狀態。感覺上，加工廠就好像隨著太陽在轉動。

我最近一次親臨此地時，漁產加工廠彷彿即將落入海中。碼頭與地基早已腐朽，數十年來設備缺乏維護的結果，導致整體結構的穩定度堪虞，已經接近臨界點。加工廠在一九八〇年代歇業，直到梅特與雨果接管以前，完全沒有人維修或管理。

現在，整座廠房散發出鋸木與亞麻油的氣味。整座碼頭煥然一新。承載碼頭與加工廠的地基，改由不會在海水中腐爛的白楊木製成。加工廠內換了新的外牆板，牆面漆為白色，使人們在數公里的距離外，就能發現它。在其背後處，小摩拉島上的黝黑荊棘叢浮出海平面。克里斯欽．克羅格沉湎於此情此景，我們完全可以理解他為何對於架起畫架猶豫不決。另一位畫家拉斯．赫忒崴（Lars Hertervigs）被主治醫師問及自己為什麼喪失理智時，他說：「在強烈的日照中注視風景過久」，以及「缺少良好的色彩搭配」，好將這些美景充分地呈現在畫布上[31]。

雨果與梅特就住在一座建於一九七〇年代的建築物，一間位於二樓的兩房公寓，當年是加工廠員工的宿舍。現在，除了類似的單位留作居住用途外，其他主要都是一些偌大的開放空間。那兒堆放著成噸的釣絲、魚網、拖拉大圍網，以及其他能夠用於操作大型漁船，經營漁產加工與鱈魚肝油提煉廠的用具。在這兩棟房屋的其中兩側，天窗從閣樓突出，並設置大型雙扇門，好讓漁獲或設備能夠直接自漁船上裝卸。

屋頂、碼頭與外牆均整備完畢。幾年內，內部裝潢也將完工。這個營建計畫，準備將加工廠改裝為餐廳、住宿公寓、畫廊與提供藝術家靜修的地方。雨果也希望建立一座私營的袖珍漁產加工廠中心，讓來賓能夠參觀昔日對原物料進行處理與加工的情況。這項專案大膽且所費不貲；如想成功，就得從多方獲得支援，包括銀行的貸款援助。雨果與梅特早已典當了位於史提根的房屋，兩人辛苦工作多年，且一直存在失敗的風險。

史柯洛瓦島可不僅是靠海，它本身就位於海上。艾斯約德漁產加工廠立於石基之上，既屬於陸地，也屬於大海。加工廠在陸地上唯一的出入口，必須經過鄰近人家的碼頭。當出現大潮、低壓系統和吹起西風時，海面大幅上升，整座加工廠彷彿在水上漂流。

「屋子宛如一個隨著波濤呼嘯的海螺殼。大海，就這樣日復一日地拍擊著陸地，周而復始。」32

9

晚間，我和雨果、梅特一同拜訪史柯洛瓦島最年長的漁夫——阿爾維德・歐森（Arvid Olsen）。就像史柯洛瓦島上其他所有房屋一樣，他所住的屋舍緊臨道路。只要是在隱蔽處，例如山腳下或斷崖下方，就會生長著各種樹木、繁茂的灌木叢、從南部地區移植到這裡的植物，或是經由與俄羅斯的波默爾人進行貿易，由東方引進的植物，例如楓樹或波斯草。由村子裡富裕的船長與魚販，將它們進口到此地來。一九三〇年代，一名水手將一株百合從澳洲帶到這裡，此後一些人們家中的庭園都還有百合的蹤跡。它們能在如此高緯度的區域存活，令人難以置信；然而，此地畢竟位於海上，結霜期並不長。

當我們來到歐森家敲門時，並無人前來應門。最後，我們必須穿越走廊，試著從廚房的側門進入。這時，歐森從客廳出來，告訴我們他聽到了敲門聲，但是只有挪威南部人才會敲門。他知道我們不是南部人，因此，一開始還不相信是我們。

今晚，歐森才剛過生日，桌上還擺著一塊兒子與兒媳婦特地準備的蛋糕。實際上他年近九十，但我打量著他，絲毫不敢相信這是真的。歐森伸手，試圖捉住空中一隻飛舞的家蠅，彷彿想強調自己仍然年輕氣盛。

歐森從青少年時期就出海捕魚，直到六十五歲才退休。他用手釣線、一條有幾十個鐵鉤的釣魚線，以及繩線網來捕捉鱈魚、金平鮋（uer）、黑鱈和大比目魚。然而，他所捕捉過最好玩、有趣的魚種，當屬黑鮪魚（størje，拉丁學名：Thunnus thynnus）了。捕獲一條大型黑鮪魚時，船上每個人最多能分到三十挪威克朗；相較之下，他也曾有過捕獲最上等漁獲，卻只獲得每公斤二十七歐爾低價的經驗。歐森表示，他們只食用附在黑鮪魚下頷骨上的魚肉。

由於身體疾病，歐森在二十年前就被迫結束漁夫的生涯。在接受過一次心臟手術後，他得了一種罕見的日光過敏症狀。他家裡的窗戶上貼著一層黑色薄膜，目的在於隔絕有強烈紫外線的外來光線。夏天時，他只要一離開房子，過敏的皮膚就會有灼燒感。

我們到來就是要洗耳恭聽關於格陵蘭鯊的傳奇。對歐森而言，格陵蘭鯊基本上是個大麻煩。牠常會把作為誘餌、位於篩孔中的大比目魚肉咬掉一大塊，或把魚餌吃掉。

「只要是牠遇上的任何東西，牠都吃！你若想捕捉格陵蘭鯊，在把肝臟挖出以後，必須把殘骸充滿氣才行。假如殘骸下沉，其他的格陵蘭鯊就會追咬海底上的屍塊。牠們把自己撐得飽飽的，對於魚鉤上的魚餌便失去興趣。」

我點頭贊同他的見解，但卻沒提到：就算只有一條格陵蘭鯊，我們也已心滿意足。

「你們有多長的繩索？」

「四百公尺。」

「鎖鏈呢？」

「最下緣有六公尺。」

「你們用什麼作為釣餌？」

「一頭腐爛的蘇格蘭高地牛肉。」

歐森贊許地點點頭。

他講到的獵鯊方式，讓我回想起小時候在韋斯特羅倫（Vesterålen）見過的幾位男性長輩。他們用的許多詞語，都是討海人用來形容大海的行話。**公豬**（høgginga）就是一個好例子，意指潮水在滿月或新月整整三個晝夜後，開始緩步減退的現象。那時，天候與風向常會生變。**射擊**（skytinga）則意指小潮（småsjøtt）以後，潮水緩步提高的現象。上述兩種情況發生時務必出海待著，因為那時會帶來大量魚群，是個捕魚好時機。

接下來這幾天，我稍微試著掌握我在史柯洛瓦島所聽到的老詞。但它們從我嘴裡說出時，卻感覺不對勁，對於所有瑣碎事我也不是全然理解。所以在自己把雨果給惹毛以前，便放棄了這個念頭。

雨果與梅特在回家的路上告訴我，史柯洛瓦島的居民養成了一種攝取蛋白質的特殊習慣。他們食用醃製、防腐過的鸕鶿的大腿肉。他們要是用魚網或籠狀網捕獲水獺，就割下牠們的裡脊肉。這也並不是什麼快絕跡的陳年習俗，梅特曾聽過其中一個念小學的孩子講起。她不勝驚訝地問：「你們也吃水獺啊？」其中四個孩子熱切地點點頭，還興匆匆地告訴她那有多好吃。

回家後，雨果在艾斯約德漁產加工廠裡找出一個小箱子。裡頭裝著西格蒙德舅舅在戰後不久所拍攝的照片。這位舅舅從年輕起，就是個業餘攝影師。雨果是在位於賀涅松德的陳舊的家族儲藏室中，找到這個箱子的。許多照片都是在捕捉黑鮪魚時候拍的。戰後數年間，漁民在挪威西岸峽灣發現了大量黑鮪魚。照片中呈現一個個滿裝鮪魚的圍網。體型最大的長達三公尺半，重達七百五十公斤。照片中顯示的鮪魚體型較小，但雨果記得西格蒙德舅舅和其他人提過，牠們在去掉內臟後測得的重量仍達三百公斤。就像阿爾維德・歐森提過的，跟挪威水域的其他魚種相比，牠們在義大利與日本市場上的價格幾乎堪稱天價。然而，鮪魚也確實不屬於挪威漁民傳統捕捉的魚種。牠們如果無法在圍網中移動，就會死亡。那麼就會有約五十到一百公噸的死魚會直沉大海，價值損失不菲。

黑鮪魚是海中最奇異的魚類之一。整條魚的身體宛如一塊強而有力、繃緊的肌肉。而鐮刀狀、單薄的尾鰭能使牠在水中的時速達到約六十公里。能游得比牠快的，也僅有劍旗魚（sverdfisk）、旗魚（seilfisk）、虎鯨、海豚和少數幾種鯊魚。絕大多數魚類都是冷血動物（換言之，牠們會隨海水溫度改變體溫）。然而，鮪魚和我們一樣，都是恆溫（溫血）動物。

鮪魚能從熱帶海域游到極地冰洋，再返回熱帶水域。但沿路上，牠很有可能遭到捕殺的命運。從直升機到水面流動的浮標，甚至感應器，都被用來捕捉鮪魚。漁船在海面上巡邏，使用作業範圍廣達五十到八十公里、上面附有數以千計魚鉤的流刺網。海龜（Skilpadder）、海鳥、鯊魚和其他物種，都還比鮪魚更常上鉤。

大群鮪魚循路線來到挪威西岸峽灣的原因，顯然非常特別。自遠古以來，地中海一帶的腓尼基人就捕獲過相當大量的鮪魚。義大利人把鮪魚稱為 tonnara；西班牙人則稱之為 almadraba。黑鮪魚在地中海域大量繁衍，在整個歷史上，漁民每年能在該海域捕上數以萬計的鮪魚。成群的鮪魚被迷宮般的魚網引入淺水區，再由漁民用棍棒捕殺。只要足量的魚隻能逃脫、溜回大西洋，整個族群的繁衍力就還能大致確保。

西班牙獨裁者佛朗哥（Francisco Franco）為了提高自己在南部安達魯西亞（Andalucía）人民的支持度，在當地建立一系列漁產加工廠，將魚肉分裝入數以百萬計的罐頭箱內。捕魚的效率再度提升，作業範圍甚至擴張到大西洋海域。但二戰的爆發，為濫捕暫時畫下句點，鮪魚族群量再度回升。戰後，比斯開灣（Biscayabukta）仍是滿布水雷，法國與西班牙漁民根本不敢在當地捕魚。因此，魚群數量也持續回升，黑鮪魚數量大幅成長，分布範圍因而一路直達挪威西岸峽灣。

然而，在短短十年後，鮪魚從挪威沿岸消失，數十年以來被認為已在挪威絕跡。但近幾年，在挪威外海又再度發現牠們的蹤跡。日本人願意花上一百萬挪威克朗，購買一條保存完好的樣本。這條魚必須是活魚，慢慢養肥，最後再予以宰殺。鮪魚腹部有著一塊宛如奶油、滋味鮮美的脂肪。在壽司店，再沒有比這更貴重的原食材了。我曾親眼目睹魚隻最後的下場：魚兒被放在東京的築地市場。那裡宛如一個飛機庫，鮪魚成行成列地擺放著，就像墜機、海嘯或其他重大災難發生後，那些無法辨認的死屍。

又有誰知道：牠們會在消失整整五十年後，再度進入挪威西岸峽灣呢？當雨果出海時，他也睜大雙眼，開始留意鮪魚群的蹤跡。許多頗富異國色彩的魚種持續、相繼在挪威海岸拋頭露面，像是翻車魚（månefisk）、歐洲鱸（havabbor）、日本海魴（St. Petersfisk），以及其他短暫駐留、宛如「觀光客」的魚種。幾年前，就有一條劍旗魚誤入布置在史提根沿岸的圍網。大群被稱為的「帆水母」（bidevindsseilere）的熱帶水母飄浮在海面上，其鰭狀結構讓牠們能隨風向與洋流移動。如今牠們漂上羅浮敦島，而在此以前，人們從未於挪威發現過牠們的蹤跡。

一切或許要歸咎於全球暖化現象。可是我並不認為，全球暖化會讓我們的海洋生態更加豐富。如果挪威沿岸海水也開始暖化，我們這些魚群會緩慢地、必然地繼續往北遷徙。

夜間，我開窗而睡。空氣的流動相當微弱，海水拍擊岩石的聲響，直穿越薄如黏膜的睡眠。住在韋斯特羅倫群島外海的居民，有一個詞來形容海水在寧靜的夏夜裡，平靜地沖上柔軟沙灘，穿越臥室窗口而來的聲響。那個字詞是 sjybårturn。

10

隔天早上，我們在外出的路上，拋出幾個捕蟹籠與延繩魚鉤。天氣就和前一天一樣沉靜、暖熱，而狗日（hundedagene，七月二十三日到八月二十三日）才剛來臨。我們能夠感覺到這一點：原先位於海底的巨型藻類與海草開始鬆動，在海中浮動，且能為肉眼所見。大海正是用這種方式進行新陳代謝。

沉積在海底的屍體，也傾向於在這段期間浮到海面上。根據聖經啟示錄所載，大海「交出其中的死人」。往昔，人們常說狗日的時候食物更容易腐爛，蒼蠅數量更多，也更來勢洶洶。狗日期間是海水平均溫度最高的時候。海藻生長茂盛，導致海底缺乏氧氣與養分，海裡也出現了許多水母。牠們猶如形狀破爛、蒼白淺黃的月亮，在海裡到處漂流。

在我們布下捕蟹籠時就已經知道，當我們晚間再來查收時，裡面一定會塞滿了普通黃道蟹（Taskekrabbe）。然而，食用這些螃蟹，真的安全嗎？牠們體內的重金屬鎘含量是如此的高，導致衛生局與相關政府部門發出警告。後來我們發現其中兩隻螃蟹殼上長著醜陋、難看的黑斑，想必是傳染病所造成的。雨果也提到這十年來，狼魚（steinbit）的產量變得非常稀少。起初他以為冬季時能於外海捕捉到牠們。但當他抓到狼魚時，他注意到其中許多狼魚身上長著類似惡性腫瘤的疔瘡。現在，出於大家所未能確定的原因，狼魚群又回來了。

看來，挪威西岸峽灣的海水水質遠比世界上其他大多數地區乾淨得多。此地海水夠深、洋流強勁，每日的水環流相當巨大。然而，這塊水域的重金屬含量卻高於南部水域。原因或許在於，大海本身就是個巨大的有機體，這一塊開放的海域，直接連結到全球洋流系統。

驗收漁獲的時刻終於來臨，我們必須前往離史柯洛瓦島五海里外的地點。當我在小艇上割開裝著屠宰後殘餘屍骸的袋子時，雨果竭盡所能保持距離。屍臭味直接從袋中冒出，彷彿瀰漫著整片挪威西岸峽灣。如果我們夠幸運，當我還在將布滿腐爛紅肉的髖關節裝上尖銳、晶亮生光的魚鉤的同時，我們就不會和衝出海面的格陵蘭鯊撞個正著。我不知道這頭蘇格蘭高地牛對自己的一生，有什麼期許。不過，我很確定牠從來沒預料自己會有這樣子的下場。

在我們確定自己已身處前一天放出誘餌的位置以後，我就把魚鉤拋出船舷外。這就像蘭波所寫的，「可怕的船骸躺於棕色海灣的底部／巨蛇在那兒被臭蟲吞沒／懸掛在扭曲的樹上，散發黑色的氣味。」[33]我任由鏈條與繩索向海底延展，在整段繩索幾乎用盡前，它並未止住。這意味著，我們投出了將近三百五十公尺長的繩索。假如格陵蘭鯊真咬住了誘餌，牠會開始兜起圈子，因此最尾段六公尺附有鏈條的繩索是必要的。牠的皮膚極其粗糙，唯有鏈條才能把牠固定住。如果從格陵蘭鯊游動的方向襲擊牠，牠的皮膚平滑光亮、毫無摩擦力可言；但若朝反方向襲擊，你鐵定會被嚴重割傷，因為鯊魚皮膚上其實滿布像剃刀一樣銳利的「膚齒」。二戰爆發前，格陵蘭鯊魚皮就曾大量出口到德國，製成砂紙使用。

最後，雨果把繩索固定在我們最大的魚漂上，將它拋向海面。這魚漂其實是個浮筒，是我孩提時代常用的裝備。但當時我用浮筒來捕捉河鱸（abbor）、鱒魚（ørret）或北極紅點鮭（røye）等，最重達半公斤的小魚。那時用的浮筒，差不多和火柴盒一樣大。可以說，我們現在做的原理其實和當時一樣，不過我們已經長大成人，而我們要捕捉格陵蘭鯊所用的浮筒周長可達一公尺。我們所用的魚鉤，看來簡直是屠宰場的裝備，而不再是一公分左右的玩意兒。然而這是必要的。就連格陵蘭鯊也無法把浮標往下拖，即便可以，至少每次不會超過一秒鐘。

通緝令：一條中等大小、長三到五公尺、重約六百公斤的格陵蘭鯊。拉丁學名為

Somniosus microcephalus。有著小而圓的鼻子，雪茄狀的身軀，相形較小的魚鰭。以胎生的方式繁殖。在北大西洋出沒，甚至會來到北極一帶浮動的冰原下。偏好接近零度的低溫，但也能適應較溫暖的水域。能潛入一千兩百公尺，甚至更深的海域。下頜的牙齒小如鋸齒，上頜的牙齒同等銳利，但看來更大，能直鑽入獵物體內，下頜則能把獵物的肉鋸成碎屑。除了鋸齒般銳利的牙齒以外，牠和其他少數幾種鯊魚一樣，有著能把體型較大獵物「黏」在嘴上的吸唇。牠們每次交配時，都是一場殘酷的強暴。

檢查過鯊魚腸胃結構的科學家，發現許多令人感到驚異的事實。探險家弗里喬夫・南森（Fridtjof Nansen，一八六一——一九三〇）剖開一條在格陵蘭捕捉到的格陵蘭鯊的胃囊時，怎會料想到：自己會發現一頭海豹、八條大型鱈魚，其中一條長達一點三公尺、一條大比目魚的頭顱，以及許多塊鯨脂呢？此外，南森還宣稱：這頭「龐大、恐怖」的巨獸在被拖到冰上、去皮後，竟還能活上好幾天[34]。

長度約五公分的眼部寄生蟲（拉丁學名：Ommatokoita elongata）使格陵蘭鯊處於半盲狀態。而牠的腹部也有形狀如小型黃色螃蟹的甲殼類寄生物（拉丁學名：Aega arctica）。年長的漁夫曾描述過，數以百計的甲殼類寄生物在鯊魚被吊上甲板時，散落一地的情景。

格陵蘭鯊的肉質不僅有毒，還散發濃厚的尿騷味。早期，當愛斯基摩人缺乏其他飼料來源時，就用鯊魚肉餵食犬隻。然而，食用鯊肉的犬隻不只中毒，甚至一連數天陷入癱瘓。第一次世界大戰時，挪威北部許多地區欠缺糧食，人們別無選擇。格陵蘭鯊魚肉成為不得不然的選擇。然而，假如人們生吃鯊魚肉，或是沒經過確實烹煮就食用，可是會中毒的（用當地人俗話說是haifulle，意思是「被鯊魚附身、發酒瘋」），這是因為鯊魚肉含有氧化三甲胺（一種神經毒素）。

這種中毒現象，很像重度的酒精中毒。食用鯊肉的中毒者會口齒不清，出現幻覺，腳步蹣跚不穩，陷入瘋癲狀態。他們一旦入眠，幾乎很難把他們叫醒。要想避免這些後果，就必須立刻割斷鯊魚的主動脈血管，讓鯊魚血流出。隨後將鯊魚肉風乾，或在滾水中漸次煮熟（煮過的水要換上好幾次乾淨的）。在冰島，發酵鯊魚肉（hákarl）可算是一道美食，但是當地人還是透過滾水煮沸、風乾或將鯊肉埋在地下（使其發酵）等方法，小心地除掉肉質中的毒素。

挪威北部的人對格陵蘭鯊肉抱持的合理懷疑態度，其實一點都不足為奇。他們還要捕捉這種鯊魚的原因，在於其肝臟蘊含營養豐富的魚肝油。一九五〇年代，挪威在工業化捕取格陵蘭鯊的領域首屈一指，但在一九六〇年代初期，其需求就逐漸萎縮[35]。

我們的小船在陽光普照的挪威西岸峽灣上輕柔地浮沉。昨天，海面上波光閃閃；今天，平坦寧靜的海面上仍是晶亮生光。夏天裡，許多天候和煦的日子過後，大海終於找回自己最緩慢、平靜的脈動。此外，當前還是小潮，這意味著，潮差異常地小。月亮與太陽的引力朝反方向作用，在一定程度上抵消彼此的力量——就像兩個人在比腕力，勢均力敵，誰也拉不動誰一樣。

我們唯一的任務，在於等待並留意風向。也許是因為我們正沿著挪威西岸峽灣航行——該地的洋流在無風時仍能發揮良好的作用——雨果又想到一個故事。他和哥哥正搭乘自己的小漁舟，出海釣魚。它名叫平恩號（Plingen），是一艘於一九五〇年代，在挪威中部納姆谷地（Namdalen）建成的小漁舟。漁舟吸飽了水，所以船體吃水很深。天候惡劣時，還必須以雙手使勁地把水抽走。一九八四年春天，在羅浮敦群島鱈魚季、一個嚴寒的日子裡，兩兄弟在外海遭遇到惡劣的天候。雪上加霜的是：小船的馬達發不動了。該海域上的另一艘船發現他們碰到了麻煩，便將他們拖到斯沃爾維爾。

這件事，讓雨果想到另一個相當類似的情況。他們在斯沃爾維爾收取了在芬馬克區域捕獲的一大批鮮蝦以後，搭乘賀涅松德號出海。當風暴颳起來時，小船很快就碰到麻煩。冷藏間失靈，貨船也被吹移航線。貨船最後漂流到挪威西岸峽灣的中部。最後，他們澆了無數桶的海水，才終於把馬達冷卻下來，進入史柯洛瓦島。

雨果的敘事方式，堪稱天馬行空：前一個故事說到快要山窮水盡之際，就會觸發下一個故事的開端，宛如一場永無止境的接力賽。一如往常，說到最後，這些故事早已偏離一開始的出發點。有時我會感到困惑，納悶著這些故事到底與什麼事有關。

無論如何，前面一個故事裡的某些事情讓雨果想到莫呂（Måløya，位於史提根朝海那面的眾多小島之一）。當地有一個非常小的、遭遺棄的聚落引發雨果強烈的好奇。他和哥哥一同下錨，將小船划向一處有著緩斜岸的沙灘。然而，他們對波高估計錯誤，那艘被雨果稱為 reksa 的小木划艇，遭到浪擊而翻覆。兩人掉進冰冷的海水中。他們最後還是掙扎著上岸，但沒能在陸上待太久，因為當時已是暮冬時節，空氣就和海水一樣冰冷。在回到漁船的途中，由於划艇翻覆時底部的一個孔隙擴大、裂開，划艇的艇身又灌滿了水。在划艇沉向海底時，兄弟倆還是勉力穩住身子，他們抓住的不是小漁舟的舷側，而是在更下方處，小漁舟艙底部，水流出的小縫隙。他們疲勞不已，身上的衣服又已被海水浸濕，重如鉛塊，根本無法爬回船上。就這樣掛在那裡好一陣子以後，兩人肩並肩，就像卡通節目的兩個逗趣角色，當他們察覺到這場面有多麼荒謬時，兩人爆笑出聲。然而，他們的精力開始耗盡，他們必須孤注一擲來拯救自己。所以，雨果的哥哥把雨果當成爬上小漁舟的「人肉梯」使用。

假如雨果在哥哥爬上去以前失去重心，他們當中恐怕就不會有人倖存下來、講述這段經歷了。但是，雨果這個故事的重點似乎是：三月時節，在挪威西岸峽灣裡浸上半小時，似乎並不如我們所想像的那樣寒冷。

「在當天剩下的時間裡，我們還是待在戶外，也沒換衣服。喔，對了，雙耳後面、脖子上段部分，**那裡**真的覺得很冷。」

有時候我還真是納悶：我這個朋友，體內究竟有幾成是海中哺乳類的細胞呢？

11

我們下方超過三百公尺深的海底，究竟發生著什麼樣的故事呢？假如腐爛物質的油質物在深海處能像火災的煙霧一樣四處蔓延，巨獸會不會根據嗅覺，循線找到我們散發出屍臭味的釣餌呢？要是巨獸真上鉤了，我們該如何因應？一想到這件事，我們又喜又懼。

一位曾在拖網漁船上工作過的朋友告訴我，他們有次在一條格陵蘭鯊被拖網纏住、拉上甲板時，所採取的做法。他們用繩索固定住鯊魚尾，利用起重機將牠掛起來再把牠甩到船的一側。然後，他們將鯊魚尾也割斷，使鯊魚墜入海中，濺起一陣浪花。就像其他所有鯊魚一樣，格陵蘭鯊只有軟骨，沒有硬骨，因此這項「截肢」工作一眨眼就完成了。格陵蘭鯊剛掉入水中時，牠還生龍活虎、活蹦亂跳；不過，牠馬上就發現情況不對勁。想像一下，假如某人把我們的腿砍掉，再把我們從船上丟到大海裡，人類將沒有什麼生存機會。而失去尾鰭，格陵蘭鯊也變成完全無助。牠既不能前進，也無法在水中保持平衡。不久以後，牠就會沉入海底，在冰冷、漆黑的深海處，很有可能被其他格陵蘭鯊活活分食。

雨果告訴我，他們對姥鯊也採取類似的做法。將姥鯊的身子掉轉過來，割開牠的肚腹，讓肝臟流出，是很常見的做法。姥鯊就在沒有肝臟的情況下，繼續在水中游動。

不過，他們並不見得每次都把格陵蘭鯊的尾鰭割斷。我那位在拖網漁船上工作過的朋友也說：有那麼幾次，他們還把自己拖網漁船的名字給漆在格陵蘭鯊的側身上。下一艘漁船捕到這頭鯊魚時，就會看到前一艘船的「問候」。任何曾經用拖網捕到這種格陵蘭鯊的漁夫，會把自己漁船的名字漆在另一側，再將牠放生。真要問候其他漁船上的同事，寄明信片還比較方便。不過，拖網漁船上獨特的幽默感，就是這麼一回事。

「等等！魚漂是不是有什麼動靜？」雨果說道。

看起來它在上下浮動，有著巨大魚漂的不自然韻律。離我們所坐位置幾百公尺遠處，是鯖魚群分布的中心區域，那裡鐵定有大事正在發生。雨果開啟小艇馬達，不到一分鐘我們就到了誘餌處。

雨果開始拉起來，就是說他把繩線拖上來，毫無疑問的是這次真有龐然大物上鉤了。一會兒以後換我接手，拉扯的速度更加緩慢了。你曾經試過將一尾也許有七公尺長、重達七百公斤、咬上長度為三百五十公尺，最下方還掛著六公尺長鐵鍊釣線的格陵蘭鯊，從海底拉上來嗎？釣線深深嵌進我的手指裡，每一公分都是極其艱難的。你會近乎絕望，感到這一切將永無止境。獅鬃水母（brennmanet）黏附在釣線上，而我們又沒戴手套，這都不會讓眼前的任務更輕鬆。

手臂早已使不出力氣，剩下不到五十公尺，一切突然又變得輕鬆許多。所有釣過魚的人，都體會過這種沉重的失落。深刻的期望，就在百分之一秒內被壓碎了。我們從原先的興奮、意志堅定、高度集中的狀態，一下子從階梯掉進地窖裡。即便繩索嵌進手掌帶來疼痛，但重力的消失更使人難受。把餘下的繩線拉上來，儘管它幾乎不具重量，但卻更使人感到艱難。很快地，鐵鍊與鉤環都已在船底，我便將它們舉起，它們在我們面前擺盪著。當我們將鉤環墜入水中時，髖關節布滿紅肉；現在，這些紅肉早已被咬得一乾二淨，骨頭上爬滿了橘色寄生蟲。牠們很像是蝨子或其他小昆蟲，牠們想必就是棲息在格陵蘭鯊腹腔的寄生蟲了。

我們從殘留的油脂與骨骸中，清楚地看到鋸齒狀咬痕。鉤環穿過關節肌腱，與骨頭緊挨著。我原來的估計是格陵蘭鯊會一口將整個誘餌咬碎，但是牠並沒有，因此魚鉤無法將牠固定住，白白讓牠掙脫了。無言以對的我們才會坐在這兒。

第一次的失落感沉澱後，我們決定不要把它當作是一場失敗。反而將其視為我們策略正確的一種徵兆。很少人第一次追捕格陵蘭鯊，就順利得手。我們唯一需要做的，就是再次準備，再次將餌拋出。

海面下，就在我們的浮舟之下，我們心目中的怪獸潛伏著，等著我們將牠餵飽。數百公尺遠處、靠近陸地的方向，有一艘船停泊著。那裡聚集著許多歡樂的青少年，正在享受美好的天氣。年輕女孩跳入仍然冷冽的水中；水溫似乎很低，但這已經是它的上限了、不會比這還要溫暖了。假如她們知道，在自己歡樂戲水的同時，從海底瞪眼看著她們的是何方神聖，她們想必會直接逃回船上。其中一個女孩，身著亮橘色泳裝。出於某種理由，黃色或橘色等亮色系特別容易引來鯊魚的攻擊。澳洲的潛水客與衝浪客，從來不使用這種顏色的裝備。

這天剩下的時間裡，再也沒有獵物上鉤。這已經是我們放置魚餌後的第三個晚上了；明早一破曉，一切就石沉大海，不會再有什麼收穫了。兩個魚漂很可能均已離岸甚遠，被某種無形的力量拉動著（這股力量，可能以洋流的形式出現在水面上，或者也可能是一條格陵蘭鯊所造成的）。要找尋那兩個魚漂，顯然毫無意義。即使我們有取之不盡、用之不竭的時間，還有無限量供應的燃料，找到它們的機率還是幾近於零。

三天後，我們重回挪威西岸峽灣。我們已經認定自己搞丟了魚漂和鐵鍊，還有那條所費不貲的繩索。但是，就在挪威西岸峽灣中心處，風高浪急、視線惡劣時，我們幾乎直直撞上它們。一切附有繩索與鍊條的東西都還在那兒。只有魚鉤和鍊環（也就是那個將魚鉤固定在鐵鍊上的U形金屬鉤鍊）不見了。這簡直是不可能。那鍊環被夾鉗固定住，不應該鬆脫的。而且必須施加相當大的力道，才能使它爆裂。然而，這兩件事情的其中一樣果真發生了——我們只能叫自己如此相信。事實是，把捕魚的工具放在外面，任其度過一個晚上，很可能是業餘者的不智之舉。當地的漁夫可以證明這一點。洋流是如此強勁，只要有充分的時間，它是能夠把一**切**都帶走的。

我們的小艇，在挪威西岸峽灣外刻出一道白色的V形航跡。外海出現一小道彩虹，形成一道出口。以它為基準來設定航道，希望穿透彩虹，的確是很誘人。不過，我們可不是在追獵彩虹。

海天相交之處，那道海市蜃樓變得非常鮮明。它造成視覺上的幻象。遠處幾座小島，突然看起來近多了，就在閃亮的海面上飄浮著。極西之處，太陽燃燒著如鎂光一般潔白的雲朵。天空剛下過雨，我們可以看到個別局部性的陣雨，正在遠處逐漸消失。我們無法用肉眼看見太陽，但它的光線遍布四周，在陣雨之間閃爍，宛如一座超大型探照燈，緩緩地掃過海面。我們所在之處，就像一面被拭淨的鏡子。那色澤如同牡蠣的殼、地表的片岩。

12

就在我們接近天使島之際，鯖魚群濺起水花；牠們鐵定跟著飛馬哲水蚤的蹤跡而來，成群結夥地在我們四周游動。雨果對牠們一點興趣都沒有，我提議捉一兩條鯖魚，將牠們烤來吃，他對這建議嗤之以鼻。就像其他許多挪威北部人一樣，他很看不起這種魚，倒不是出於什麼古老的迷信，而是因為他受不了牠們的味道。他曾試著以各種不同的方式料理鯖魚，但卻毫無效果。不管雨果使用什麼食譜，他就是沒辦法把鯖魚的腥味從牠們身上除掉。他說只要他不在附近，很歡迎我去抓一兩條鯖魚上來，把牠們烤來吃。

北挪威人對鯖魚的厭惡感，有著源遠流長的傳統。人們相信這種背部很像人類骷髏的魚類，專吃溺死者的屍首。在更古老的時代，人們甚至認為牠們會吞食活人。卑爾根教區的主教艾瑞克．龐托皮丹（Erik Pontopidan，一六九八—一七六四）把鯖魚形容成北歐的某種水虎魚（piraja）。主教寫道：「就像鯊魚一樣」，牠們「嗜吃活人肉，尋找在海中裸泳的人，假如他掉進鯖魚群裡，就會被迅速一口吞掉」。為了強調這個說法，龐托皮丹敘述了一個「悲慘的事件」。故事關於一個水手，在繁重的勞力工作、汗流浹背以後，想在勞庫倫港（Laurkulen，即今日的拉科倫〔Larkollen〕，位於摩斯市〔Moss〕南方）游泳，於是便下了水。突然間，那個興高采烈的水手就不見了，彷彿有個不明物體把他往下拉。一兩分鐘以後，他的身體才又浮上水面：「既血腥、又噁心，還黏附著一群鯖魚，緊緊吸住，毫不放鬆。」龐托皮丹主教堅稱：要不是這個水手的夥伴出手相救，他「毫無疑問」會「死狀甚慘」[36]。

我們在勞佛爾島（Lauvøya）與安格爾島（Angerøya）之間停船、卸貨。我們在那兒釣上一條小鱈魚，然後坐等在山頂上盤旋的老鷹俯衝下來，伸出爪子，把鱈魚開膛剖肚。我們可以看到老鷹，但牠們並沒有像我們之前多次的經驗那樣，朝著我們俯衝而來。一隻海鷗飛來，牠的身軀看來比魚身還要小，但牠卻把整條魚一口吞進喉嚨。過了一會兒，牠就飛不動了。只見牠整張嘴塞滿了魚肉。

秋

13

下次我搭機往北時，候鳥就會朝反方向飛行了。那時將是十月初，沉寂降臨北國大地。樹木、灌木叢和其他植物都朝根部收縮著，想在霜雪降臨之前，開始漫長的冬眠。沉重且陰暗籠罩著挪威內陸，湖泊很快將變得一片雪白，峽谷也將冰雪遍布。但在海邊以及海上，就完全是另一回事了。當水溫降低、風暴捲起海浪時，生機反而開始湧現。螃蟹的動作更加迅速，比目魚更加活躍，黑鱈的肉質更加扎實，貝類口感也更加鮮美。牠們都游向北挪威芬馬克區域的冬季漁場。

我們再度由史提根抵達史柯洛瓦島，橫越挪威西岸峽灣。這回，海面一片漆黑，透露著某種不安的氣息。光線已被掩蓋住，雲層幾乎一路籠罩到海面上。雨果採取「之」字型航線，使波浪從側面與後方襲來，好讓他能夠衝浪。挪威的漁夫把這種因應天候與海象的航行法，稱為 unnafuringen。這樣的航程，是會讓人感到很不舒服的。

就在我們接近史柯洛瓦島之際，挪威西岸峽灣就向我們稍稍展示了自己的力量。海水相當冰冷、陰鬱，雨水激起白浪沖擊著陸地，發出隆隆聲響。海與天並沒有像我們上回在此的情況一樣，和睦相處，而是構成一道循環翻騰的動作。直到我們離羅浮敦峽灣山壁只有區區數海里時，才見到它。雨果引領我們駛過小島與岬角，駛進史柯洛瓦島的小港口。

接下來的幾天，惡劣的天候持續著，導致我們無法出海。不過，當數千平方公尺的木製建築都由你去管理時，你還是有許多工作要做。這幾天，我就協助雨果處理這些工作任務。我把艾斯約德漁產加工廠上方山頭，將本來用做支撐曬魚乾架的柱子疊成堆。而雨果則在紅屋（Rødhuset）幹著木工活。在漁產加工廠後方，沿著那陡峭的山徑一路直上，那裡有其他兩座較小的古老建築：紅屋和白屋（Kvithuset）。根據計畫，一旦紅屋整修完畢，雨果和梅特就會入住。在那偌大、通風良好的加工廠主建築內度過寒冬，顯然不是什麼好主意。雨果根據所有專業規定，對紅屋進行隔熱裝置。他還翻新了牆面、屋頂與地板。還在屋後多蓋了一個附屬建築，準備將其興建為浴室。

他已經將白屋整頓完畢了。它本是針對漁夫所設計的季節性居所，建於十九世紀初期，可能遠比漁產加工廠本身的歷史還要久遠。很久以前，雨果做了許多努力，使它免遭拆除的命運。他搭建了新的外牆板，更換窗戶，增加隔熱設備，添加了防水的焦油紙，興建了階梯與室外長凳，還添了一座老的燒柴爐。由一樓和二樓的窗口向外望去，就能飽覽海灣的全景。他使用古老的玻璃，讓戶外呈現一種模糊不清、扭曲，帶點如夢似幻的感覺。當他在拆除二樓壁板時，發現牆面上竟貼著一八八七年的報紙。為了保存這些報紙，他還在它們表面抹上一層膠水。

他帶我在白屋裡四處逛時，我沒有告訴他，我是多麼地佩服他。相反，我裝作建築檢查員般把雙手放在背後，四處走動，問他為什麼這樣做、那樣做，甚至建議：也許就該照

這樣做，或許會比較好、比較明智，也比較循規蹈矩。一兩分鐘後，雨果意識到我在開他的玩笑，就把我派到外面去搬柱子。

由於我手頭的雜務不多，我想最好還是慢慢來，不要讓精力急速被消耗殆盡。過了一會兒，我走進漁產加工廠。在我能找到適當的言語形容以前，我就進到一個自己先前從未駐足過的房間。一個書架上堆疊著發黃的舊報紙，我拾起其中一份倚靠著窗櫺，開始讀起一九六三年九月八日的《挪威北領地未來報》（*Nordlands Framtid*）。報紙頭版印著密密麻麻的文字，上面寫著：「挪威海軍艦艇以榴彈砲，在羅浮敦峽灣沿岸進行砲轟」。這種標題非常引人入勝，我就順勢讀下去：

週日，挪威海軍艦艇在羅浮敦外海進行射擊演練，卻發生誤擊，許多榴彈砲彈命中莫斯克內斯島（Moskenesøy）的奧鎮。小村內無人喪生，亦無重大傷亡，實屬奇蹟。一發砲彈命中小村中央的一座庫房後爆炸，破片削穿一棟小樓房內堆放的成疊木柴；就在小樓房五公尺外，正好有一家人在用晚餐。十二到十五枚砲彈就在小漁村內，村民們的頭頂上呼嘯而過，人們不得不在這場「煙火秀」進行的同時，躲進路邊的壕溝內尋找掩蔽。四發砲彈在村內的定點爆炸，另外八發則落在港口的漁船上。就在那座庫房被炸成碎片的同時，三個十歲左右的小女孩剛好從僅有十五公尺開外的大路上經過。砲彈碎片的分布半徑達五十公尺，她們僅受了點皮肉輕傷。樓房內的吊燈與書架從牆壁上震落，客廳裡的一張茶几被掀翻。爆炸點不到三十公尺處，正好是五輛計程車（分載一個二十人觀光團）事發前停留的位置；所幸，他們之中無人遭榴彈碎片波及。

轄區警長馬上收到警報，位於索瓦根（Sørvågen）的電報操作員最後好不容易聯絡上肇事的驅逐艦卑爾根號，才終於在造成人命損失以前，阻止這場砲轟的鬧劇。

挪威海軍。他們有大片、廣泛的無人居住區，可以練習實彈射擊；但他們最在行的，就是將榴彈砲瞄準奧鎮小漁村的中心。這座位於羅浮敦朝海區最遠處的小村，四周被荒地包圍。如果海軍曾經蓄意瞄準過這個小目標，他們鐵定無法命中的。這一定是一場意外。

一九六四年一月二十一日的《北領地郵報》（*Nordlandsposten*）也有極富戲劇性的新聞。在一封標題為「掃帚謀殺案」、篇幅較長的讀者投書中，有個名叫哈夫丹·奧羅爾（Halvdan Orø）的人，糾正一名用掃帚柄打死一頭水獺（oter）的男子。「那掃帚柄的材質竟是如此粗劣，在打死水獺時碎成片段，完全不是可用於防禦的工具；大家也問到，這種虐殺動物的行徑，究竟符不符合『虐待動物』的定義。」

使人分心的事物是如此眾多，導致搬運過程耗費的時間異常地久。最後，當我終於結束，感覺我的任務已經差不多完成了。我比雨果更見多識廣，同時肌肉也較強壯，不過卻是需要由他告訴我如何善用這些柱子。雨果抓頭撓耳，但就是說不出個所以然，最後他只好將我放生，否則我只會耽誤他的工作。老實說，這實在太適合我了。因為，這次來到史柯洛瓦島，我已經帶上一捆舊書，這些舊書對關心海洋的人們而言非常有趣。這次的巨著就是奧盧斯・馬格努斯（Olaus Magnus，一四九〇—一五五七），以拉丁文於一五五五年寫成的大部頭作品《北歐民族史》（*Historia de Gentibus Septentrionalibus*）。

14

日子一天天過去，海洋變得越來越不平靜。風勢越來越緊，氣壓也不斷降低。在挪威西岸峽灣，風不斷鞭笞著波浪的浪頂與震顫的泡沫，將海水擠碎成細小的水滴，散落在空氣中。從遠處看，海水似乎在冒煙。

黝黑的天幕高高地懸掛著，但偶爾露出缺口。這時，一層半透明的日光覆蓋在島上，一切事物變得光亮無比，似乎放大了所有細節。有時候艾斯約德漁產加工廠是熾白色的。其他時候，它就像一頭擱淺的鯨魚骨骼般呈現灰色。

然後，下雨了。一片沉重、單調、沉寂的雨幕。放眼望去，彷彿永無止境。

目前正持續吹著西風。世上所有的大海、海角、海峽、島嶼和沿岸地區，都會受到某一種風向所支配。挪威西岸峽灣就像北半球其他絕大多數的海域一樣，吹著西風。遠古時代的地圖上，往往用臉孔來描繪風向。一如我們所知，希臘人用神代表人性特質與自然現象，風神埃俄羅斯（Æolus）正是海神波塞頓（Poseidon）之子[37]。因此，這或許是遠古時代以來的傳統。無論如何，那圓鼓鼓的雙頰，就是他最顯著的特徵；一般而言，西風的力道也相當強烈。科學上的解釋為：亞速爾群島（Azorene）的高壓與冰島的低壓，共同造就北大西洋的強烈西風帶。

回到過去所有船隻只能聽天由命的年代，風被賦予特定的性質，甚至人物形象。有些風向多變而詭譎，充滿各種荒誕的特性；但值得慶幸的是，總有人能拿這些風向有辦法。十七世紀中葉，法國人皮耶・馬丁・德・馬帝尼爾（Pierre Martin de La Martinière）船長指揮一艘大型船隻，穿過北極圈。這時，風勢開始強勁起來，大船就在羅浮敦以南、極圈以北（相當於博德地區）的位置，被浮冰所困，動彈不得。他們便和當地主司風向的祭司（又稱「風太子之子」，能夠呼風喚雨）聯繫，還付了服務費。一位祭司便登上船，教導大家將一塊羊毛布打成三個結，固定在船的前桅上。他們需要風時，只須把三個結的其中一個鬆開就成。馬帝尼爾非常狐疑，但是就在第一個結鬆開的同時，便吹起一陣清新的西南風，使風帆充滿動力，船隻便能繼續向北行進[38]。

今日的氣象學者，主要使用八個風向：北風、東北風、西北風、南風、東南風、西南風、西風、東風。昔時，人們將風的來向大致區分為十六個不同的風向。來自塞尼亞島

（Senja）的亞瑟・布隆克斯（Arthur Brox）所留下的記錄中，描述當地風向的不同詞彙，竟多達三十條[39]。

有些關於風的詞彙，甚至還包含了風向是否和地勢同向的資訊。比如說：假如吹著強烈的南風，了解這股南風會如何觸及某個當地地區，就是很有用的資訊。這是來自陸地上（landsønning）的南風，遭遇北方海岸線時就轉為東南風呢？還是來自海上（utsønning），走向詭譎，對水手構成重大的兇險呢？

在挪威西岸峽灣，西南風絕對是最惡劣、最兇險的風向。

就在戶外颳風下雨的同時，我在艾斯約德漁產加工廠周邊進行小規模的探索之旅。大致上，這些建築物都沒經過隔熱處理，不耐風雨、天候摧殘。此外，很詭異的是，空氣中還瀰漫著一切曾在那裡出現過的物品和人的氣味。一九七〇年代初期，廠房即停止運作，所以你必須具有非常靈敏的嗅覺，才能嗅出曾在此出現過、數百萬條魚的腥味。然而，還有許多其他徘徊不去的痕跡，這些建築本身似乎有著記憶力，有如流言出現在夢境中那樣的方式，能夠以一種偷偷摸摸、不被察覺的形式，轉達自己前世與過去的微弱印象。

也許，這和那些遺留下來的物品與器材有關。幾乎所有在廠房還經營生產業務時的器材，都被留了下來。多年來，除了少數幾樣被帶走或被偷走的小東西以外，大部分的器材擺放的位置，和一九八〇年代初期如出一轍。許多噸沉重的拖網與成捆的繩索，就放在角落。木製的鹽桶中，仍裝著滿滿的鹽。上方結了一層鹽殼，但只要鑿開一個洞就可以取出鹽巴。艾斯約德家族在此存放的鹽量，足以支應將來十代人的需求。

我在許多小房間內看到工作服就懸在掛鉤上，彷彿下一輪的工作時間就要開始。但是，這些工作服想必是屬於大部分早已退休的漁船船員，或是最後一次在這裡工作時都還年輕，現在不是垂垂老矣，就是已經蒙主寵召的工人。其他私人物品、廚具與漁產的出貨單，散落在曾經用作起居的房間。在過去曾作為辦公室使用的房間裡，牆壁上甚至還掛著填好的漁產出貨報告單。上面記錄著漁產加工廠在一九六一年第一季購入的魚乾量（十一萬兩千七百二十七公斤），以及加工製造、銷售與出貨量等。報表上有一欄，上面還特地註明「至卑爾根的運貨量」。

看樣子，所有類型的生產量都被記錄下來：生魚、海水魚、魚乾（區分為不同品質）、魚肝（未加工，以酒精保存或經提煉處理），以離心機加工的魚肝油。其他還有熱壓榨魚肝油、酸油、產業用壓榨油，以及最後一項：「其他魚肝油」。報表繼續記錄魚卵（生魚卵，以糖醃製的魚卵，高鹽度魚卵）、鹽漬魚渣、魚頭，而報表最下方則是魚肝的剩餘物質（graks）——也就是魚肝油提煉所產生的廢棄物。

那個年代的加工過程多年後還縈繞著整座建築物，從第一根鋼釘在加工廠埋下，到最後一名居民離開該地為止，散發著居民與工頭們的氣息。漁產加工廠浸泡在濃厚的回憶裡。在不同的區域與部門裡，牆上掛著隱形的時鐘，每個鐘所指的時間都不同。沒有一座鐘指出準確的時間。

一九八〇年代，兩名芬蘭人買下了漁產加工廠，並在這裡留下了許多他們的痕跡。他們當中，女的名叫佩卡（Pirrka），男方則叫派克（Pekka）。佩卡是芬蘭著名的心理學家，派克則是紀錄片製片員，在一九七〇年代拍攝了關於異國的人類學紀錄片，其中許多在芬蘭的文化偏鋒圈子內享有崇高的地位。即便在我和他們的寥寥幾次見面中，都能感覺得到兩人博學多聞，說話聲音柔和，心思縝密。而且他們在史柯洛瓦島上常常冷到凍僵，但他們說話的方式讓人有種他們在洗桑拿浴的感覺。在史柯洛瓦島中心處，面向哈特維卡（Hattvika）那出奇地溫暖、豐饒的峽谷裡，開著許多花卉，而派克對花特別有興趣。如果你往那個方向走，一般只會預期看到石礫、小圓丘，也許還有一些貧瘠的荒地和山澗。然而，忽然間你發現自己竟置身一片草原上。

在佩卡與派克居住的房間裡，還能看到厚厚一疊的《芬蘭首都日報》（*Hufvudstadsbladet*）與《晚報》（*Ilta-Sanomat*）。牆壁上仍然掛著一張芬蘭與瑞典之間的群島區（芬蘭文名稱為 saaristomaailma）的衛星照片。這個群島區坐落於瑞典與芬蘭之間的海域，包括數以千計的小島，呈帶狀分布，相當有連貫性。一道寬約二十公里的孔隙，使得船隻能駛進波的尼亞灣（Gulf of Bothnia）。

只有眾神才會知道佩卡和派克是怎麼一路找到史柯洛瓦島的。他們在一次到北挪威的旅途中，偶然間發現艾斯約德漁產加工廠求售，愛上了這裡，進而買下整座漁產加工廠。那時，他們都已不再年輕了。每年夏天他們到此地度假幾個星期時，就住在其中一座建築的小角落——宛如已經失去所有財富與頭銜、但仍堅持在已破落城堡的一角，繼續抱殘守缺的貴族。雖然他們很喜歡這個地方，但同時也被建築的殘破給嚇倒了。兩人有些親友從事浮潛（他們所使用的橡皮艇，雖已被鑿穿，現在還停在港外），或許就是他們說服夫婦倆，在這座位於羅浮敦的小島上買下一座偌大的漁產加工廠房。每年夏天，許多芬蘭人拋棄自己國家低淺的海域，帶著蛙蹼、潛水裝和魚叉設備，來到史柯洛瓦島浮潛。魚叉等裝備，依然掛在芬蘭人老舊房間裡的掛鉤上。派克和佩卡倒是不潛水，不過他們滿腦子都與潛水相關。

最後，他們將艾斯約德漁產加工廠賣回給艾斯約德家族。這兩個芬蘭人離開史柯洛瓦島，已是十五年前的往事，雨果把他們講得彷彿隨時會再度出現一般，不過這幾乎可以肯定是不會發生的。

艾斯約德漁產加工廠是由兩座大型建築物組成。面海的主樓總計有三層樓，佔地至少一千平方米。主樓後方是另一座面積幾乎一樣大的建築物，同樣是三層樓，旁邊則是一層樓的棚屋。漁獲卸貨站、魚油提煉廠、加鹽站、工具間與魚乾倉庫，都位於主樓建築內。

這三座建築物彼此是互通的，有點類似「三位一體」的概念：它們是一體的，但同時又是個別的實體。置身其中，你會絲毫不察自己已從其中一棟建築來到另一棟建築。我到訪這裡多次，理應對形勢瞭若指掌，然而情況並非如此。每次我走在主樓內已被踏平的路徑時，總會發現先前沒察覺到的房間、閣樓，甚至一整塊區域。感覺上，加工廠的空間似乎無窮無盡，總是有未被發現的房間，等著給我驚喜。順便一提，島上的形勢也是如此。每次我在史柯洛瓦島上漫步時，總會走到我過去一無所知的地方，像是一座新沙灘，或位於一座難以到達的圓丘上的老舊德式碉堡建築。

某天下午，天候惡劣、無法出海釣魚之際，我和雨果就來到閣樓上。在那兒，從地板到天花板上都懸掛、擺放著老舊的設備。如果你對這個念頭真的非常著迷，實際上你可以藉由這些一百年前所使用的設備，開始漁獲加工與魚油提煉工作。在這裡可以找到提煉魚油用的鍋爐、精榨機、油桶、分離器、管子、磨石、魚漂和計重秤；一些起重機相關的，如滑輪、齒輪與絞盤。大型木質水槽、電動馬達、附有數公尺長手柄的漁撈網、用來撈鯡魚的抄網，以及其他木製或金屬製的神祕工具。在其中一個房間裡，陳列著數十個橡木製的提煉鱈魚肝油桶。有幾個上面貼著「藥用油」的標籤，其他則貼著「酸油」標籤。當時在各地海岸走私法國白蘭地是常見的事，因此那些比較小的橡木桶，很可能是用來收藏白蘭地。例如，獵捕鯡魚的圍網漁船塞托號，因為在捕魚季節之外的時間開往歐陸載貨，已經臭名昭彰；海關方面，其實也是知情的。

整座加工廠裡滿是已過時的工具，但也不乏先進科技。許多器械是在這裡製成，數百年來並經過技師、修桶匠、木工師傅、鐵匠、製繩工人和當地靠自學起家的人才不斷研發，嘗試新材質與工具，才有今日的成果。閣樓裡的許多樣子古怪的設備，用途極為令人費解。我指著一個最上方有著一塊鐵製閘門，造型詭異的三腳架。顯然地，這樣的設計是要讓某個物體從其中一端進入，由另一端出來。看樣子，它應該要與另一座機器連接。

「那邊那個東西？當然是**黑鱈**的刮削器啊，」雨果邊說，邊繼續手邊的工作。

「嗯，當然啦。它不會叫『黑線鱈刮削器』，而是『黑鱈刮削器』。在如此暗淡的燈光下我怎麼可能夠搞得清楚。」我說。

雨果瞧著我，微笑起來。

「那是用來把魚皮削掉的，幫黑鱈去皮的，所以它才叫作『黑鱈刮削器』。」

每次我們發現更多用途不明的物品時，雨果就開始爭辯。當他推敲著某件工具的形狀與用途時，就會手舞足蹈起來，從不同高度伸出雙手比畫著。他試著揭露這些器具的祕密，指著物體可能從哪裡進入、退出的位置；或某件原本設計成可以旋轉的物件，它應該從哪個方向轉動，又或者其中一個零件會不會攫住另一個零件，以及其他的細節等等。最後，他總算理出一套令自己滿意的理論。一如往常，在我聽來，這理論很有說服力。

最後，在閣樓的最深處，我心滿意足地看見：他終於站定下來。那是一種以鑄鐵製成的滑輪，有兩個輪子，一個把手，以及一道鐵質的支架。這玩意兒高度為半公尺，還不及我們的膝蓋。

「給我一個禮拜，我就能將它搞清楚，」他說。

「你有二十四個小時，」我答道。

雨果的神態像極了一個走火入魔的教授，毋庸置疑他能將閣樓上這些看似不起眼的廢棄物，整理出各種怪異的機械性功能。那些具實際性但用途仍未能解開的機械。由電鰻供電，並以格陵蘭鯊魚油作為潤滑劑的馬達。

但是，我們得先逮到格陵蘭鯊才行。

15

有時，我們晚上會看電視，不外乎固定幾個動物頻道，顯然地持續播出關於鯊魚與鯨魚的節目。節目都配有戲劇性的音樂，在鯊魚登場時，還會特別打上「危險！」「充滿獸性！」「殘暴！」等字眼。這些節目幾乎就用中世紀的方式介紹動物，以道德與否、和我們的思考模式是否相同來界定牠們。大致上，鯨魚非常善良，甚至被賦予中產階級的色彩。牠們多半生活在核心家庭中，牠們的歌唱、子女教養與遊戲成為家庭生活的核心。大多數時候主要吃素，有時則在世界各大洋間漫游，宛如在度假。

然而，三不五時還是會出現一些違背這種模式的影片。其中一個節目中，一位女潛水員想成為一頭長肢領航鯨「最好的朋友」。這頭鯨抓住她的腳，把她扯到至少十公尺深處（這對人類來說，已經算是深水了）。鯨魚在那兒放開她，讓她浮上水面，喘一口氣。隨後，鯨魚再將她拖下水，牢牢掌控住，直到她幾乎溺死。鯨魚沒咬她，只是牢牢、強力地掌握住她的腳。感覺上，牠彷彿能將這女人的命玩弄於鼓掌間。在這樣於水柱間幾次上下以後，她的動作開始變得遲鈍。她已經快要失去意識了。長肢領航鯨顯然能感受到這女人還能撐多久，當她已經奄奄一息時，鯨魚就將她推上水面。這頭鯨能拯救她，卻也能將她玩弄到幾乎溺死。牠的身上，同時具備**善良與邪惡**的特質。

鯨魚的本性並不會向人類表達良善或同理心，牠們是很聰明的動物，只會做出對自己有利的事情。這樣的故事，其實沒有道德寓意可言。就像所有富有智力的動物一樣，牠們很有可能會陷入瘋狂，或做出極度反常的行為。

四天後，我一早醒來時，察覺有件事情不對勁。我又躺了一會兒，思索了一下，才發現是哪件事情。風勢沒把雨點颳向屋壁，周遭一片寂靜。雨果已經起床，甚至已幫小艇船身充過氣了。

「你準備好出海餵鯊魚了嗎？」我問。

「我們先取誘餌，然後就可以準備餵鯊魚，」他答道。

這回我們要裝在魚鉤上的，可不再是蘇格蘭高地牛肉，而是從艾斯約德漁產加工廠對面，艾林森海鮮加工廠取來的鯨油。我們穿過那不到百公尺寬的海灣，取得一盒鯨脂以及用垃圾袋裝著的四條鮭魚。全都是免費的。裝在盒子裡的是一大塊從小鬚鯨腹部所刮下，重達二十五公斤的鯨脂。它以冷凍方式保存，兩天前才從冰庫中取出，上面仍有著冰塊。其氣味相當宜人。這塊鯨脂就像一塊超大的培根，相當乾淨，令人食指大動。日本人將鯨脂視為極致美食，且直接生食。處理這塊鯨脂和蘇格蘭高地牛的屍塊相比，美好到幾近於夢幻。即使我不那麼餓，也會很想將它煎來吃掉。它的表皮是粉筆般的白色。整塊鯨脂的形狀猶如一架手風琴，唯一的差異在於摺疊處是長方形的。它的表面是如此光滑、富有彈力、強韌。美國太空總署要是能生產出這種產品，他們想必會非常驕傲。

我們要把鯨脂固定在魚鉤上。為了增強吸引力，我們會選用艾林森海鮮加工廠的鮭魚肉塊。它們不夠美觀，無法銷入歐洲市場，也可能是感染上水產養殖場盛行的眾多疾病之一。不管怎樣，格陵蘭鯊看到這樣的食物當頭，也不會太挑剔。

我們駛出港灣，出到史柯洛瓦島燈塔處的外緣，將打了洞、裝著鮭魚肉塊的袋子扔出。套句漁民們的話說，挪威西岸峽灣現在是**風平浪不靜**（opplætt）。在一場風暴以後，即使風勢已經平息，海面還是需要一點時間，才能平靜下來。根據我們所知，風暴還在海洋遠處肆虐。

我們駛出漁產加工廠，帶著長度為三百五十公尺的繩索，六公尺長的鐵鍊，以及插了一大塊鯨脂的魚鉤。這只是我們在自找樂子，因為我們都知道今天逮到鯊魚的機會並不大，誘餌的味道無法傳到十分遠的地方。不過這完全無妨一試，因為我們需要為待在挪威西岸峽灣幾個小時找個理由。

天空正下著雨，但降雨卻能夠緩和海水和我們的雙眼。海面平靜，每一滴掉在海面上的雨點變得清晰可見，油亮晶瑩。在這樣的情況下，任由眼光掃過海面，你就能將一切盡收眼底。

我們在斯沃爾維爾短暫停留，買了報紙還有一整箱的紅酒，然後便在咖啡館吃了三明治。之後，我們便循原路回去，在史柯洛瓦島燈塔外海處停船。一如我們所預期的，浮筒完好無缺。這時，雨勢已經停止，海面卻仍然光滑，宛如一座內陸湖泊。在進一步駛向陸地、來到弗雷莎嶼（Flæsa）背面以前，我們邊讀報邊閒聊著。我們到弗雷莎嶼背面的目的在於：看能不能用魚竿釣上大比目魚，或至少是紅鱈魚（taretorsk），甚至黑鱈。一路上我們目睹了一個詭異的現象：在平靜的海中央，離最遠的小島（也就是弗雷莎嶼）外約一、兩百公尺處，正在生成一道大型波浪。它很快就達到數公尺的高度，並朝我們而來。我們沉著地向後倒退了一小段距離。要是我們有防水衣與衝浪板，就可以玩衝浪了。好吧，或許我們玩不起衝浪，但至少深諳此道的行家可以玩。同樣的情況又出現了一次：大浪從平靜的海面上湧現。我瞧著雨果。我們在這塊海域已經一連待了數天，但可從沒見過這種現象。

他說：「當有適合的洋流狀態出現時，一定是魚群迫使海水這樣快速地竄起。」

除了幾條立即被我們扔回水裡的小黑鱈以外，我們的魚竿一無所獲。因此，我們又駛回原地，準備讓小艇自力飄浮，並希望浮筒能夠開始下沉。整個海面像是被雨打磨生亮，泛著一道平整、灰鬱的光澤。太陽正在探出頭來。

關於格陵蘭鯊如何獵捕游速比自己快得多的魚類與動物，雨果想到一個新理論。他藉由對鯊魚解剖學的研究，發展出這套理論。

「重點在於頭部與頷部，而不是在牠的身體。格陵蘭鯊在水中游動，看來相當無害。假如有別種生物接近，牠就將下頷伸出。牠的下頷不像人類的下頷那般固定，而有點像軌道或是槍閂，」雨果說道。

雨果曾經在一個動物保育類電視頻道上，看過一個潛水員嘴巴與臉頰被鯊魚咬掉一部分。就在攝影機拍攝之際，潛水員游近一隻體型較小、看來不具殺傷力的鯊魚，緩慢地和牠面對面。潛水員嘗試親吻鯊魚的時候，就出事了。事發速度是如此之快，以至於眼睛根本來不及反應。

「格陵蘭鯊的下頷，也**正是**如此。」雨果繼續說道。

這可能是一部分原因，但絕不足以解釋全面的事實。比如說：一條鮭魚，怎麼會如此接近格陵蘭鯊？格陵蘭鯊又是怎麼捕捉到游速比牠快得多的大型狼魚、黑鱈和黑線鱈呢？

「格陵蘭鯊的身體呈雪茄狀，尾巴和大白鯊一樣強而有力。牠們能利用尾巴，在鯨魚的軀體上鑽出洞來。它具備游動迅速所需的一切力量與其他必要條件。」雨果做出結論。

幾個小時過去了。我們都沒什麼好抱怨的，我也不奢望待在其他地方。我眼前並沒有什麼景觀，也就不需要刻意經過它們、再將它們拋在後方。它們就在我的**四周**，它們就在**這裡**，就是史柯洛瓦島燈塔外實體的洋流，遠離我們日常生活飄浮於其中的資訊流。

我半躺在船首，抬頭一望。我們隨波逐流，已經離開浮筒數百公尺，因為風暴過後，海面開始恢復平靜，所以它們還是清晰可見。僅從遠海的大洋處，送來幾道波浪。

日照時數開始減少，再過不了幾個星期，黑夜就會長於白晝。幾顆星星已經在北方與東方的天幕中散布開來，逐漸朝向那片沒有海岸的海洋的上空靠攏。我們可以瞥見一、兩個星座的輪廓，但北極星閃閃發亮、像手臂般研展開來，以至於我和雨果一開始都以為那是一架飛機，一個熱氣球，或是其他不明飛行物。那看來像是會出現在宗教書籍中，將伯利恆星形象誇大的插畫。那顆星，將為小船上的兩名智者，指點通往安全避風港的路途。

為了更了解周遭形勢，我掏出手機。我在手機上下載了一個應用程式，可運用相機與內建GPS定位我們上方，或位於地球背面（假如對此更感興趣的話）數以百計的星宿。

從史前時代開始，所有文化與文明都各有一套看待星空的方式，並將星星根據自身神話裡的神祇與生物命名。今天我們所用的名字大都源自希臘神話，在絕大多數由希臘人所「發現」的星宿上，編織各種巧妙的故事——它們毋庸置疑就是人類幻想力的產物。例如，獵戶星座（Orion）根本就不是什麼在穹蒼上追獵屬於昴宿星團（Pleiades）七姊妹的戰士。就連希臘人本身，也不相信這些故事。對他們而言，天幕不過就是一塊任由他們發揮想像力的畫布而已。

為星座命名的活動，其實是一種科學本質的原型，因為科學的精神，在於辨識出事物的模式，或找出某種規律遭破壞之處。對漁民而言，解讀海象、氣候與天空，乃至於對各種複雜模式的出現、甚至舉一反三的能力，是至關重要。唯有藉由長期有系統的觀察，才能讓他們達到爐火純青的境界。另外，曆書也為漁民提供另一項祕密武器，因為洋流與海中生物受到月相很大的影響。當月亮面積變大、海水浪高增加之際，峽灣內的洋流與海水量隨之增加，會影響魚群的移動模式。例如，許多漁民會知道在滿月時，他們必須處在特定位置上，才能捕捉到鮟魚。要是他們晚個幾小時才到，鮟魚早就離開了，而牠們直到下次滿月以前，都不會再現身。

在古老的昔時，在漁民獲得GPS、聲納系統、回聲探測器、手機與可靠的天氣預報以前，最厲害的船長與漁民，在地方上的地位與聲望可是和最優秀的科學家一般崇高。

不幸的是：在過去數十年來，形容大自然各種現象原本豐富的詞彙，正急速萎縮中。和這些詞彙一同消失的，還有與之相連結的複雜的生態知識。我們對各種地形、景觀的感知能力降低，它們對我們越來越失去意義，越來越不再具有價值。因此，將它們摧毀、殺雞取卵以獲得短期效益，也變得容易多了。

不久以後，我們就必須把魚線收起，準備進入史柯洛瓦島的港灣。我倆對此都不置一詞，只管我們享受著周遭的寧靜。我們的思緒自錨鍊鬆綁，隨洋流飄浮著。天上有星空相伴，下方則有大海相隨。星辰在海上的倒影泛起漣漪，海面發亮著、閃動著。

從外太空的角度，墨西哥灣暖流（Golfstrømmen）猶如宇宙中的銀河系。從地球上看，銀河系與墨西哥灣暖流非常神似。兩者都有著螺旋狀的漩渦運動。科幻小說中的太空船外型不像飛機，反而比較像船。它們持續平穩地駛入星雲、離子風暴、流星雨，一如船隻在海上遭遇到迷霧、颶風或冰山。艦長站在艦橋上，朝甲板向外望出，臉上泛著焦慮的神情。他們真能熬得過嗎？如果太空船受損太過嚴重，船員就得登上救生艇或救生艙。甚至連外太空的怪物也酷似海中生物。

今日，科學家還在規劃將更多、更新的航太探測器送入太空中。舊型航太探測器的問題在於：它們的電力與燃料已經耗盡。新型航太探測船必須有高聳的桅杆，以及巨大的遮陽板。在前往宇宙及銀河系的路上，它們將與古老的雙桅縱帆船或全帆裝船極其相似。

我口袋裡有一塊扁平的石頭。我起身，將它拋擲在水面上。這種石頭，也就是所謂的水漂石（flyndre）。當年還都是小男孩的我們，互相比畫著，看誰的石頭能在水面上彈跳最多下。假如一塊石頭輕而扁平，它會在空中翻轉，而後頭重腳輕地墜入水底。要是石頭太重、太圓，它就無法在水面上恰當地跳動。當然，投擲技巧也是有影響的。我將石頭擲出，它在水上彈跳了五下，真糟糕。平靜的淡水表面，是打水漂的最佳去處，石頭在水上的彈跳數可以達到二十次以上。

水上的漣漪，一個接著一個，漸次為浸於薄薄一層鹽水中的雙眼所吸收。我們的眼睛，是非常精密的光學儀器，但它們所包含的「科技」，是由那些原本需要在海底運用視力的物種，經過數百萬年發展後的成果。人類只能看到有限的光波。許多光波或輻射線，例如伽瑪射線、X射線或紫外線，都不是人類肉眼所能見到的。要是我們能看到這些射線，整個世界看起來就會大不相同了。我們能見的，僅限於肉眼所能解讀的光譜範圍，並已對其做了最佳利用。我們的肉眼能在相當近的距離內看見小型浮游生物，但是我們也能見到從可能在數千年前就已熄滅、距離地球數千光年之遙的星星。許多人有著多種色彩的虹膜。如果仔細看，虹膜其實和星塵、銀河系，甚至從太空所見到地球的洋流極為相似——當然，虹膜充其量只是迷你、縮小版的銀河系。不過，它的深度也予人能夠將物體充分放大的印象，原理同於能使我們看清外太空各星系的精密望遠鏡。

希臘人相信大地受一條名叫俄刻阿諾斯（Oceanus）的大洋河所環繞（這條河也是一

切淡水的來源）。河神俄刻阿諾斯有著牛頭魚尾，操控著天際各星團在地平線的上下起落。在希臘境內大多數城邦和地區，地平線都被泛稱為海。在巨人之間的戰爭結束後，戰敗者就會被扔進大洋河，隨著大洋河運行，直到永遠。

在早期的希臘神話中，俄刻阿諾斯具有天神的地位。數百年後，希臘人在探索大西洋、印度洋和北海的同時發現了世界上新的地區，俄刻阿諾斯因此被重新描繪為海神。他化身成世界各大洋，有著蟹爪般的角，也常手持船槳、魚網，和大海蛇一同現身。

赫曼．梅爾維爾曾寫過：「水和沉思，永遠是一體的。」打在玻璃纖維和橡膠船身上的小波浪，像搖籃一般，將我們搖入一種浮動、近乎恍惚的狀態。

這些水，究竟是從哪兒來的呢？許多的水分，來自於地球幼年期和彗星的相撞。在太陽及其他行星形成以前，這些來自太陽系遠端、較冰冷區域的水分，以固態冰的形式降臨。這些由石塊、塵埃及冰塊所構成的「髒污雪球」（Skitne snøballer），至今仍在宇宙間穿梭著。它們是在早期建成太陽系後的剩餘物質；數十億年以來，大部分物質四處飛舞、互相撞擊、分裂、萎縮、融解、蒸散，構成持續不斷的核物理反應。直到這些物質的猛烈撞擊結束，充滿著大小行星的太陽系，情勢才稍微穩定下來。

四十多億年前，在海洋形成、地表仍覆蓋著流動的液態岩漿時，我們的行星飽受來自外太空的物體撞擊、轟炸。其中一次撞擊是如此強烈，以至於地球的一大片被炸開，飛散而出。這些碎片中的一部分開始循軌道，繞著地球運行。其中一顆，就是現在的月亮。

約在五億年前，地球繞地軸的轉速遠比現在快得多，月亮離地球也近得多。當時的一天有二十一個小時，一年則有四百一十七天。那時地球上才剛具有足量的氧氣，使物體能夠燃燒。而那已經是五億多年前——即，基督出生前的事了。

我們的行為曾經像剛從樹上爬下的猿猴。我們之中，有人買了幾百公尺長的繩索，還有鐵鍊和鯊魚魚鉤，並在上面放上一大塊鯨脂，再將它拋進海裡，想要釣一條對我們根本沒有實用價值的大魚。在此同時，我們，作為一個物種，具有將探測器送上外太空的能力。

太空探測船羅塞塔號（Rosetta）已遠離地球五十萬公里，這中間十年過去。它在那兒，於67P／丘留莫夫－格拉西緬科彗星上登陸；這顆彗星的造型酷似洗澡時的橡膠小鴨玩具，能以一萬公里的時速在太空中移動。羅塞塔號必須派出菲萊（Philae）登陸器，固定在彗星表面。目的在於分析彗星表面的水分，再傳回地球。事實上，地球上的許多自然科學家都納悶著，地球上的水分究竟有多少是來自於外太空。其中一種理論主張：地球在形成後不久，就失去了大氣層。我們和外太空之間的氣體屏障消失了。不過，充滿水分子和其他粒子的彗星撞擊了地球，新的大氣層就此生成[40]。

不巧的是，菲萊號登陸器著陸時電力不足，太陽能面板也無法再充電。儘管如此，在電池電力完全耗盡以前，它還是將若干數據傳回了地球。好幾個月以後，也就是二〇一五年六月，探測器再度甦醒過來，開始向地球發送簡短的資訊。

雨果戴著耳機收聽廣播節目。看來他也自得其樂，沒有打算匆忙收拾行囊，返回史柯洛瓦島。我向他揮了揮手，他摘下耳機。我問他知道宇宙間是否有水存在。他微笑一下，搖了搖頭，再次戴上耳機。他八成認為，我在說笑。

要具體地回答這個問題，其實並不難。水在宇宙間存在的唯一條件，在於氫氣和氧氣結合。氧原子的原子核旁，游動著六個負電子。但是，原子核還想再吸收兩個電子。這時，最完美的伴侶出現了：氫原子。它們結合在一起，創造了水分子（H_2O）。

氫原子以一種鬆散的形式固定住水分子，使每個分子能夠持續和其他分子結合，這很像一種舞步，每秒鐘可以更換舞伴達幾十億次。

分子以各種多樣的方式，迅速地結合起來，就好像字母組成新單詞、新單詞構成句子，而後句子或許還能寫成一整本書。如果我們把水分子想像成字母，我們就可以如此聲稱：海洋包含了所有以已知和未知語言所寫成的書籍。海中還出現如RNA（核醣核酸）和DNA（脫氧核醣核酸）等其他字母和語言；在這些分子中，基因在沖過螺旋狀結構的波浪中結合和分離，並決定哪些生物將被生成：花卉、魚類、海星、螢火蟲或人類。

一道柔和的風，自海洋那富麗多姿的圖書館中吹來。從天而降的光束，穿透雲層折射進入水中時，它們就結合成不規則動詞。

外太空存在著大量的水。但在我們所處的太陽系中，液態水很可能只存在於一個行星上[41]。地球和太陽的距離，恰好夠遠；如果我們位於太陽系更深遠處，一切的水分就會變成冰或蒸氣，就像那拖著精子般的尾巴、遠離太陽的彗星一樣。

地球的體積夠大，其重力恰好能固定住大氣層（雖然，這並不是理所當然的）。我們也並不像這樣巨大的行星：它強大的引力足以讓所有潮汐形成數百公尺高的波濤，像電影《星際效應》（*Interstellar*）的情節那樣席捲整個星球。冰巨行星海王星有著最嚴苛的環境。時速高達兩千一百公里的風勢持續地吹颳被冰層覆蓋的表面。地球和太陽間的距離，代表著大部分的水能以液態水的形式存在。要是沒有這些巧合，一切就都成空了。我們所認知的生命，也根本不會出現。

我們從小艇上朝向東方山岳，見到在深藍色地平線上越來越多的星星。在一場永無止境的爆炸中，銀河和行星在毫無摩擦力的狀態下於太空中疾走，距離越來越遠。它們不曾放慢速度。不，它們實際上正在加速，天文物理學家也搞不清其中的理由。他們將原因稱為「暗能量」（mørk energi），這是對不明事物通用的代號。這意味著：距離我們數百萬光年的某個點上，宇宙的帷幕正在拉下。超越這個點的一切物質，都會被吸入星海底部的黑暗之中，而永不為我們所知。

天色已晚。現在，月亮已清晰可見，然而如果我們不知道往哪裡去尋找，我們也就無從見到魚漂。我仍然可以瞥見它。就在我們以數節的時速隨波逐流時，它還在原地上下起伏。雨果看來仍深深沉迷於廣播節目中，也或許他只是在沉思。我並沒有打算建議他現在就回頭。

就連月光也需要一秒以上才能抵達地球。日光則需要八分鐘。太空人其實就是尋找這種「光化石」的考古學或地質學家。我們所見的一切，都不是即時發生的，而是來自過去。我們總是會遲上一步。在近距離互動中，甚至是在我們的大腦裡，我們的反應都慢上百萬分之一秒。

單是我們的銀河（它僅是數十億個星系之一），直徑就達數十萬**光年**。哈伯太空望遠鏡所發現過的最遙遠星系，是一片深紅色斑狀、名稱索然無味的 UDFj-39546284 星系。從這星系發出的光線，必須花上數十億年才能到達地球。整個星系可能在幾十億年前已經冷卻、死滅了。

這樣的時空尺度，超出我們的理解範圍。我們被創造的目的，在於依自身條件生存在地球上，和我們所能理解、感知的人事物——樹木、車輛、書桌、山岳、動物、小艇及其他人——建立關係；在於我們所能看到和辨別的，不管它們的表面是平滑、乾燥、柔軟或堅硬。在我們意識中簡直一望無盡的大海，放在宇宙間，卻連一滴水也不是。

如果人們在這種情境下想到星空，腦海必定會浮現出一個問題：在其他地方，是否存在生命呢？

既然宇宙間存在著數十億顆行星，而宇宙又是如此寬廣無垠，生命存在的機率應該很高吧？就算我們因為百分之九十九點九九的行星很可能缺乏高等生命形態生存的必要條件，而將它們排除，也還剩下幾千億顆星球呢[42]。科學家們對一件事有一致的看法：即便是在其他行星上，生命也必須依賴水的存在。化學作用是其中的關鍵。假如我們認為整個宇宙中，構成生命的要素是相同的話，那麼水（加上碳）必須是所有地方產生生命的來源。水並不盡然有著生命，但沒有水，幾乎就不會出現生命。因此，天體物理學家一開始檢視火星和其他行星時，並不是要尋找生命。他們先尋找水。不過他們找到的，都是冰塊和蒸氣（有時還異常大量）。美國太空總署（NASA）的兩支團隊在二〇一一年，發現位於離地球一百二十億光年一處類星體（kvasar）的周圍出現了大量的水蒸氣。蒸氣所蘊含的水量，被認為是地球上所有水量總合的一百四十**兆**倍。

最近數年來，賓州大學（適居及系外行星中心，〔Center for Exoplanets and Habitable Worlds〕）的研究人員一直在數十萬個星系間，尋找高等生命形態的蹤跡。他們基於一種推論，主張高等文明必然會使用可釋出熱能的能量，所以一直搜尋一些不尋常的中頻紅外線。不過至今他們沒發現什麼驚人的事物，那兒只有一片黑暗之海。

美國太空總署的科學家在二〇一五年夏天宣稱：他們在人類所處的太陽系之外，辨識出一顆比目前所發現的所有行星更像地球的星球[43]。它可能適合居住。然而，它的太陽比我們的太陽釋出更多能量。因此，這顆行星可能只是一片被大氣層覆蓋的石漠；終有一天，地球也會步上同樣的命運。今日的地球，不只有著大氣層，大量流動的液態水，甚至還有能養活數十億人及家畜，有利於農耕的土壤。它真是集所有關愛於一身。

電影《星際大戰》中來自不同星系、身上色彩豔麗的酒鬼在酒吧裡打群架、最後結為兄弟的場景，確實很有娛樂效果。但是，就算宇宙間真有數十億個星系，人類或許仍是宇宙間唯一會坐在酒吧的生物。

在全球各地深海處的山脈間，存在許多火山噴氣孔，或俗稱的「煙囪」（skorsteiner）。一九七七年，科學家們發現這些噴氣孔其實充滿生機。滾燙的硫磺液體從這些噴氣孔中流出，由於氣壓，它的溫度保持在攝氏四百度。沒人會相信：有生命能夠在這種條件下生存；一些較大型的物種，可在攝氏八十度的水溫中生存。

在海底最深處沒有光線，因而也沒有植物。該處的能量，是由化學反應所產生的。細菌會分解有毒物質，分解後的物質就成為其他物種的養分。水下的生機並非由光合作用所維繫，而是由化能合成作用所維持。有些科學家懷疑，地球上的生命是從這種深海噴氣孔中形成的；其他學者則認為，生命是源自那浩渺的星海。

雨果摘下耳機，四處觀望一下，使我們脫離恍惚狀態。為了特別場合的需要，我把一瓶威士忌帶到船上。這一刻沒有特別的慶祝理由，但反而讓它更非比尋常，所以我就打開了這瓶酒。雨果不怎麼碰烈酒，但在我們的船上仍是有三公升的葡萄酒。我喝了一大口威士忌。熱能從胃部擴散到全身，彷彿一道迷你版的墨西哥灣暖流，直達身體的最南方和極北點。雨果再次朝四周張望以前，船身顯得有點微醺；直到此刻他才忽然醒覺現在到底有多晚了。海水的顏色有如紅酒般深沉，但星光仍像穿透一具有孔燈罩般，撒落下來。

雨果慢條斯理地又說了個故事。這回的故事，和他隨同亞恩（Arne）叔叔搭乘賀涅松德號在挪威西岸峽灣航行有關。亞恩向來以大嗓門聞名，他總能**高聲大吼**；每逢鬧烘烘的聚會，比如五月十七日（挪威國慶日），又或當地社區中心辦的青少年派對活動，他的大嗓門總能扮演領導群眾的角色。當時才十四歲的雨果進入駕駛室後方，一個放有回聲探測儀和無線電的小房間。桌上擺著一本攤開的筆記本，還有航海圖。亞恩叔叔寫了一首詩。其中幾句，從此在雨果腦海中生了根：「夜空的星群之下／今夜，我佇立於此／與我的舵輪同在」。

就在史柯洛瓦燈塔燈火通明之際，雨果說：

「我們該把魚線收回來，準備進港了。天幾乎全暗了。」

光線穿越黑幕，此刻我們被這閃電般的光攫住了。這光繼續橫掃，將光束傳播到大海的更遠處。

在一切我們所能想到毫無意義的事物中，這種無聊感最恰到好處。

16

魚漂只有在它開始移動時，才變得有趣。但是，它所花費的時間越久，就越難以吸引人。我們每天都在海上，從早上待到晚間；日子一天一天過去，事情發生的可能性也越來越低。偶爾我們會拉起魚鉤來確定鉤上的肉餌還在。沒有任何咬痕，只有幾條來自海底蠕動中的小生物。難道格陵蘭鯊不喜歡養殖的鮭魚肉？難不成還有其他的食腐動物（比如說七鰓鰻），搶先一步把誘餌給吃了？假如一條大比目魚被纏在魚網的絲線上太久，七鰓鰻可是有能力在幾小時內把牠的五臟六腑啃淨，讓漁夫只能撈到魚皮。還是……鯨油的味道太淡、太乾淨，引不起格陵蘭鯊的注意力？

每次我們出海，都會見到堅挺、直立的史柯洛瓦島燈塔。每次進出，我們都會通過此處。到了第三天，我有種感覺：燈塔瞭望台那雙愚笨的眼睛，開始注視著我們。

我們是很想上岸；然而，由於進入海峽的洋流走向，使得停靠並不容易。你甚至無法將這樣一條小艇靠岸，而是得將它吊上碼頭。

史柯洛瓦島燈塔建於一九二二年。最初數十年間，有兩個家庭同時住在燈塔上。這樣的安排，或許是最妥當的，因為事實上一個燈塔瞭望員如果獨處時間過久，很可能會喪失理智。許多人是難以適應孤立的。挪威燈塔協會（Norsk Fyrhistorisk Forening）在各燈塔上設有移動式書庫，能夠在各燈塔之間流通。這個做法或許就是為了促進燈塔瞭望員的心理健康。有幾本書最後落到了我自己的藏書架上，其中包括一、兩冊冰島傳奇故事集。當我打開其中一本書，看到內封蓋有燈塔協會的圖章時便想到：當全挪威境內的燈塔還有人駐守時，這本書就曾在各燈塔上的書庫流通過。我眼前浮現這樣的情景：就在窗外冬夜天際一片漆黑，燈塔上的生活充滿思念與夢想之際，瞭望員坐在被風暴鞭笞著的窗沿前，讀著冰島的薩加傳說故事集。

濃霧對他們而言，勢必是一大考驗，因為自從一九五九年的一次所謂超級颱風後，燈塔就必須在這種情況下發出警報，告知船隻自己的位置。警報發出低沉的悲鳴，直抵你的骨髓，即使在數公里外都能清楚聽見。

德軍在二戰期間，佔領了史柯洛瓦島燈塔。一個名叫庫特（Kurt）的士兵，據說曾在燈塔中自縊；雖然這件事的傳說色彩濃厚，史柯洛瓦島的居民可從沒忘記這事。最近，人們的話題則轉到一起較新的悲劇上。不久前，勒斯特號（Røst）渡輪駛入史柯洛瓦島與燈塔之間的海峽處。他們必須量測與通過海峽高壓電線之間的距離。執行任務的一名船員，犯了致命的錯誤：他試圖從渡輪桅杆頂部，用魚竿丈量電線的大略高度。魚竿接觸到高壓電電線，這位仁兄的身軀當場被兩萬伏特的高壓電流貫穿，瞬間斃命。

其他國家一般堂皇莊嚴的建築藝術，多以教堂、清真寺、皇宮或其他建築形式呈現。史柯洛瓦島燈塔坐落在海洋的小島上，外圍則是另一座較大的島嶼。它彷彿空降到那裡，與該處合為一體；又或是像從地下鑽出來的一株石製植物，能夠自行增生，長得一年比一年高，直到它達到它該有的高度為止。

實際上，包括燈塔本身以及兩名燈塔瞭望員的家庭，是個非常曠日廢時的工程。他們在島上興建了非一棟而是兩棟大型屋舍，瞭望員宿舍和燈塔的建材必須在不穩定的洋流與天候下，由水手、營建工人與工程師，以船隻將一磚一瓦運送到島上。

作為燈塔之眼的反光燈與探照燈，是科技與數學最具韻律性的組合。一開始，對這座燈塔的要求只有一個：能讓遠方海面的船隻看見，所以它必須聳立。這項極富功能性、實用性的需求，打造了我們最筆直、和諧的建築物。燈塔坐落於飽經風霜的海角、懸崖、石礁，和峽灣海口處的小島之上，賦予了燈塔一種凱旋、豐裕的靈氣；它彷彿是由一個在黑暗中綻放光芒的文明所建，能戰勝大自然的力量。從大海上欣賞它們顯得最好看。

史柯洛瓦島有兩首專屬的民歌。其中一首以這座燈塔為主題，歌詞作者就是在遙遠的海面上，望見了這座燈塔：「哦，你可曾見過／比那朝岸的史柯洛瓦島燈塔還壯闊的景象？／它就在那兒，如雷霆般閃耀著。」

從一七九〇年到一九四〇年，蘇格蘭全境海岸興建了九十七座燈塔，史蒂文森（Stevenson）家族就是這所有燈塔背後的推手。著有《金銀島》（*Treasure Island*）、《化身博士》（*Dr. Jekyll and Mr. Hyde*）與其他經典文學名著的羅伯特·路易斯·史蒂文森（Robert Louis Stevenson），根據其家庭傳統，其實本來也該成為燈塔建築師。羅伯特·路易斯在世時相當富有，舉世聞名；但同時，他也是家族中的害群之馬，和曾祖父、父親、叔叔與兄弟在內的其他所有親戚唱反調，沒有規劃、設計或興建過任何一座燈塔。史蒂文森家族所興建的燈塔，多半位於在大潮時會低於海平面的礁岩上；那是北海與大西洋流互相撞擊，形成泛著泡沫的激流與湍急的波浪之處。那樣的激流與波浪，足以沖走一切。

在史柯洛瓦燈塔建於鹽候島（Saltværsholmen）前近七十年的時間，在更接近進入史柯洛瓦港灣處的斯卡奧門島（Skjåholmen）上，有一座專門針對漁民需求而興建的燈塔。這座燈塔是整個挪威北部第一座落成的燈塔。塔上的煤油燈光，僅會在每年一月一日到四月十四日之間（意即羅浮敦的捕魚季）點燃。

蘇格蘭人有著史蒂文森家族。在挪威我們則有來自孫莫爾區（Sunnmøre）福爾達鎮（Volda）達爾峽灣（Dalsfjord）的莫克（Mork）家族。奧勒·蓋莫森·莫克（Ole Gammelsen

Mork）的第一座燈塔，於一八二五年在倫德（Runde）落成。他的兒子馬丁．莫克．羅維克（Martin Mork Løvik，一八三五—一九二四），則是一八五六年興建舊史柯洛瓦燈塔時的工程監工。

莫克家族的成員四代以來都以燈塔建築師為業，和蘇格蘭史蒂文森家族的不同之處是，他們並不是什麼深具創意的建築師或工程師。莫克家族的成員在夏季領導興建燈塔、港口設備、航標與馬路的施工小組；冬天則從事漁業。早期的燈塔結構相對簡單、低矮，且多以木料或石塊為材；較晚近的燈塔，則較高聳、纖細，並以鑄鐵製成。位於弗爾島（Frøya）上的裂環燈塔（Sletringen），有著全挪威最高的燈塔瞭望台，它就是由馬丁．莫克之子奧勒．馬丁（Ole Martin）所興建的[44]。

舊史柯洛瓦島上最著名的燈塔瞭望員，當屬艾林．卡爾森（Elling Carlsen，一八一九—一九〇〇），他也是當時著名的探險家與破冰船船長。他的成長過程，就和擔任船隻駕駛的父親，一同在海上度過。三歲時，他就曾在嚴冬之際搭小船出海，從特羅姆瑟（Tromsø）抵達挪威第三大城特隆赫姆（Trondheim）[45]。一八六三年，卡爾森完成繞斯瓦巴島（Svalbard）航行一圈的創舉。接下來數年間，他又往東發現卡拉海（Karahavet）的數座島嶼，並與當地的遊牧民族薩莫耶德人（Samojedene）建立了良好的聯繫。此外，在威廉．巴倫支（Willem Barents）於一五九六年發現熊島（Bjørnøya）及斯匹茲卑爾根島（Spitsbergen）以後，卡爾森又在一八七一年發現新地島（Novaja Semlja）東北方巴倫支探險隊的營地遺跡。珍貴的地圖集、書籍，以及裝滿工具的箱子，均被帶回挪威，並以一萬零八百挪威克朗的價錢（這在當時可是巨款），賣給了一位英國人。隔年，卡爾森再以破冰船長與魚叉手的身分參與尤利斯・馮・佩爾（Julius von Payer）與卡爾・韋伯雷切特（Karl Weyprecht）的極地探險活動，目標就在找到通往亞洲的東北航道。

這支探險隊，是由當時的奧匈帝國政府所派出的。第一年冬天，作為探險船的泰格特霍夫海軍上將號（Admiral Tegetthoff）就陷入冰層之中，逐漸被扭絞成碎片。船員歷經飢餓、壞血症，結核病、發瘋乃至於相互仇殺，終致死亡。第二年冬天以後，他們終於放棄了能夠駕船脫身的最後希望，開始將三艘小艇在冰層上拖曳、行進，希望能發現開放的水域。就連一向沉著的卡爾森，到了這時都亂了方寸。經歷三個月非人般的折磨以後，拖曳著小艇、努力朝浮冰方向行進的他們，終於和一艘位於新地島，捕捉鮭魚的俄國漁民的雙桅縱帆船取得聯繫。俄國人將這批氣力放盡、又餓又累的水手帶到瓦爾德（Vardø）。

奧地利作家克里斯托夫・蘭斯邁爾（Christoph Ransmayr）在歷史小說《冰層與黑暗的恐懼》（*Isens og mørkets redsler*）中，描述了這次的探險。作家引用了奧地利探險隊員的日記與回憶錄，作為他的資料來源。就在他們受困冰上、被徹底凍僵時，尤利斯・馮・佩爾用犬隻拖行著雪橇，往北方行進，而他因此發現了法蘭士約瑟夫地群島（Franz Josef Land）。然而，在他回到奧地利後，他的說法不被人採信。他將當地的景觀，以大比例圖紙繪出。這些畫作並不受歡迎，而馮・佩爾就在一九一五年窮愁潦倒、孤獨地死去。

書中關於艾林．卡爾森是如此描述：「這位在北冰洋上生活多年的老者，每次受到將軍們的宴會邀請時，總會戴上那頂白色假髮。他在諸聖節日中受到尊崇的待遇，他甚至會披上皮衣，別上挪威皇室所頒發的聖奧拉夫勳章（St. Olavsordenen）（但是當北極光的帷幕與波浪在天際綻放光輝時，他就會把身上連扣帶在內的所有金屬物解下——以確保這些飄浮形象之間的和諧不受任何干擾，免得招致那『狂暴、炙熱的光線』導向自己身上）。」46

因為他的貢獻和參與，卡爾森獲頒奧匈帝國的勳章。與他同時期的極地歷史學家古那．伊薩克森（Gunnar Isachsen）在一篇迷你傳記中，這樣形容他：「卡爾森的家庭生活並不快樂。他兩個兒子的命運都很悲慘。和他一同探險的人這樣描述：他是非常厲害的海員與獵人。當他專注於某件事情上時，他是永遠都不可能感到滿足的；否則，他其實還是很好相處的，甚至被形容為一個出奇地和藹可親的人。」47

一八七九年，卡爾森成為舊史柯洛瓦島燈塔的瞭望員，他在那兒一待就是十五年，想必是個堅強的人。同時，他也個愛慕虛榮，在宗教信仰上又相當虔誠、甚至迷信的人。他常佩戴耳環，不過想必會在北極光出現時摘掉耳環。

在燈塔上，每當風暴呼嘯，他置身於濃烈的煤油味中，凝視著史柯洛瓦島港灣入口那邊的大海時，毫無疑問地，他必定有時間去回顧自己的一生。他見多識廣，發現過去完全不為人知的處女地。對他來說，在北極附近的冰層與群島不是一片單調的空白畫布，反而是充滿生機、具有顯著的地區特徵，而世上幾乎沒有任何人比他更為了解它們。

望著我和雨果的，可不是卡爾森所建的那座舊燈塔，而是於一九二二年建於鹽候島上的「新」史柯洛瓦島燈塔。和許多同時期的燈塔一樣，史柯洛瓦島外觀呈鐵鏽般的紅色，並有兩道白色條紋。對我而言，燈塔的外形宛如一個身穿毛線衣，身材瘦削、表情冷峻的人。

卡爾・偉格（Carl Wiig）在一九二〇年，規劃了史柯洛瓦島燈塔的營建。他生於馬格爾島（Magerøy）上的耶斯瓦爾（Gjesvær），位於芬馬克地區最接近北冰洋的外緣，到北角（Nordkapp）的直線距離僅有二十公里。父親是萊爾波倫鎮（Leirpollen）上的商人，該鎮位於波松根峽灣（Porsangerfjorden）內一小段距離處。偉格在受挪威燈塔協會聘用、畫出史柯洛瓦島燈塔設計草圖時，也才二十五歲。經驗更豐富的營建師與工程師，一定也曾給他指正與建議。就是在這種情況下，來自福爾達的工作小組建成了燈塔。工程領導人是克里斯蒂安・E・佛克史塔（Kristian E. Folkestad）[48]。他的家族來自佛克史塔（位於達爾峽灣的另一側），和莫克家族極為相似。他們家族的數代人也在北方海岸建築燈塔。夏季時，達爾峽灣周圍的每戶農家幾乎都派男丁到北方參加燈塔施工小組。

特隆赫姆科技師範學院（Trondhjems Tekniske Læreanstalt）的考試成績單顯示：偉格在一九一〇年到一九一五年之間畢業的兩百五十多名工程師中，成績絕對屬於吊車尾等級。換句話說，史柯洛瓦島燈塔是由一位學業成績很不理想的人所設計的[49]。我的出生地位於芬馬克，薩米（Sámi）語名稱為庫隆拉耶格（Ákkolagnjárga），根據文獻指出，這名字的意思是「格陵蘭鯊海角」（Håkjerringnes）。就連博學的薩米人，都無法告訴我其中的緣由。就我的印象與知識所及，航海的薩米人沒有獵捕格陵蘭鯊的傳統，因為無此必要——牠們的肉不能食用，生活在數百公尺的深海，而且小船根本無法應付。這完全不合理。

就在我們以六節的時速往外航行時，史柯洛瓦島燈塔之眼持續俯視著我和雨果，我們宛如翻騰於宇宙漩渦中兩顆微小的原子。每當我們駛出相當距離、不再能夠目測到浮筒以後，雨果便會開啟引擎，往回駛。但在大部分時間裡，我們就坐在小艇上，半昏睡、小聲地交談著，或是各自任由思緒與聯想隨波浪擺盪、起伏著。我們對這項自發性的任務，不曾有任何猶疑；相反地，我們知道格陵蘭鯊就在下方游動，我們更確定：我們會逮到牠，把牠拉上來的。

海豹與鼠海豚從水中探出頭來。也許，牠們已經認得我們了；也許，牠們只是納悶著，我們到底在搞些什麼。我們屬於陸地，而牠們則以海洋為家。每次牠們處於淺水區、探頭望向陸地時，都會見到對牠們來說，危險、陌生的元素。

最近這幾天，大海對我們呈現出灰藍色、異常冷漠的表情。海面光滑而蒼白，近乎軟弱無力；秋天的空氣清爽、乾淨。挪威西岸峽灣兩側的山頂上，已經覆蓋著白雪。羅浮敦島山壁的輪廓，彷彿是被尖銳的刀刃所割出的，不過其山坡的線條倒是相當柔和，沒有陰影或顯著的對比。西南方的天空，雲朵之間的稜線清楚而分明，讓人想起了大理石。再也沒有比海洋更寬廣、更有耐心的事物了50。

我們最常聊到在海上的經歷，然而，當我們只是等待、周遭一切又非常平靜時，對話就會轉到各種怪誕的主題上。某天下午，我談到從中世紀一直到十九世紀的動物，因為違反人類法律的規範而遭到法庭審判。對，沒錯——狗、老鼠、牛隻，甚至馬陸等倍足綱動物，都曾因為致人於死或行為不當，而遭到調查和監禁。院方為牠們任命辯護律師，召來證人，一切按照當時的法律程序。麻雀因為在宗教禮拜儀式時高聲啼叫，遭到調查；攻擊小孩的豬隻，被判死刑。在法國，有一頭豬被人披上衣服，送上絞刑台；而在一七五〇年，一頭驢子涉及一起事故，由於一位牧師出庭作證，表示牠過往的生活非常符合道德標準，牠才獲得釋放。今天，我們實在很難理解，他們為什麼要這樣做。他們一定很擔心混亂與無政府狀態，才以為連自然界都會依據道德法則來運作。

雨果問我，有沒有聽過大象托普西（Topsy）的故事。嗯，沒聽過。

「這頭叫托普西的大象踩死了兩名動物園員工，在一九〇三年於紐約一座主題樂園滿場付費的觀眾面前遭到公開處決。」他刻意停頓一下，繼續說道：

「人們把某種以銅礦製成的涼鞋裝在大象腳上，然後輸入七千伏特的交流電。他們本來想把牠用吊車吊死，不過沒能成功。這樣做的目的，是為了打響那座主題樂園的知名度；整個『行刑過程』被湯瑪斯・愛迪生的電影公司錄影下來，這部影片就叫作《電擊大象》（*Electrocuting an Elephant*）。」

17

就在新一波秋季的風暴侵襲史柯洛瓦島之際，風平浪靜的日子便結束了。我們必須再次小心地把小艇與浮式船塢繫牢，然後靜心等待，直到風勢平息下來。風暴來自西南方，直入港灣地區。聯繫周邊交通的渡輪與快艇都停駛了。惡劣的天候使我一夜未眠。

來自大海的幽靈，在峽灣內悲嚎著；它在峽灣裡划動著只剩下一半的小船，穿越冬夜的黑暗。在漁產加工廠下方，海水沖擊著碼頭上的尖樁與石塊，風聲在各個角落呼嘯；風暴每侵襲一次，房屋就發出一聲呻吟。某些東西（或許是整個屋頂）發出一種低沉的震動，宛如從小屋內部所發出的鏈鋸聲。上鎖的落地式拉門在其軌道上顫抖著，尖銳刺耳的回音在加工廠內各個房間裡繚繞著。大海與風的鼻息，穿透了小屋，因為小屋到處都是裂縫、罅隙與微小的開口，空氣得以滲入，造成通風氣流。

整棟建築物充滿各式聲音，宛如充斥大教堂內部的合唱隊歌聲與風琴聲。這所有的聲音匯聚成多聲部的吼叫。那來自碼頭下緣，明快、不規則的噴濺水花，覆蓋住從港灣外側傳來的深沉嘈雜聲。整座漁產加工廠在拉伸，就像一艘想從錨泊地掙脫的木質船隻，發出咯吱咯吱聲。

我躺在床上聽著這一切。從窗外所傳來的怒吼聲中，我察覺了另一種聲音。它的距離更近，不那麼嘈雜、不若管弦樂團那樣浩大，鐵定是從屋內發出的。可能是某人或某些東西在頂樓，發出類似啜泣的聲音。不會是有鳥飛進來吧？我努力想入睡，但那如泣如訴的啜泣聲並沒有停下來。有那麼一陣子，一切安靜下來，我心想，這會不會是我自己的幻聽。但在下一刻，啜泣聲又出現了。我真該上去查看一下。然而，在頂樓搖搖欲墜的偌大空間裡，沒有電源更沒有燈光。何況，我冷得要命。我在袋子裡拿出一件毛衣，評估著究竟該不該上去，最後還是躺了下來，沉沉睡去。

不安的波瀾，衝擊著陷於沉睡中的我。我夢到自己站在一道陡峭的岩壁之下。大海就在我正前方迅速膨脹，正準備要捲起一股大浪。潮汐推擠的前方是一堵牆，由種種從海底捲上來的東西所構成——老舊的船隻殘骸、死去的鯨魚與廢棄物。烏賊躲進褐藻叢，塑膠如烈焰般揮動著它的手。碩大、不斷膨脹著的管口魚（trompetfisker），在陰暗深海中分泌著黏液的生物，還有在古老書籍中才會現身的怪獸與害蟲……現在，一切都朝我而來。由於我就站在大海和那堵牆之間的岩礁上，因此無處可逃。就在潮汐即將向我湧至時，我猛然驚醒。幸好，這只是一場夢。這一切發生時，我就疑心這只是一場夢了。

但是，有件事情不太對勁：我再度聽見從閣樓傳來微弱的啜泣聲。這回我套上長褲，點燃一根蠟燭，上樓去。那道吹堂風是如此猛烈，燭火一下就熄了。我在半途停下來，重新點燃蠟燭。就在我靜默地站著時，我清楚地聽見一個女人的悲泣聲，而它是從上方頂樓的最深處傳出的。屋裡本來就只有三個人，而梅特和雨果還在我隔壁的房間裡熟睡。他們當中，沒人有這種閒情在半夜爬到頂樓。不可能的，因為從來就沒有人想使用頂樓，那更不是一個跑去哭泣的地方——這完全不可理喻。

我們已在艾斯約德漁產加工廠，與世隔絕了相當長的時間。這有時會讓你感覺，自己身處一艘長期出海的船上。假如雨果和梅特有客人，我早就該知道這樣的消息了，而且這個客人怎麼說也不可能在半夜，跑到這閣樓上來。是入侵者嗎？就算島上真有這種人，也不可能找到爬進這裡來的路。樓梯巧妙地隱藏在其中一座大型、深色建築物二樓的一處角落。那幾扇門確實不是經常鎖住，但就算真有人闖進來想要暫避風雨，那也還有大約三十個房間可供藏身。牠們就算努力找，也找不到這閣樓才對。

那一定是隻受傷的小鳥。會是水獺嗎？不會，水獺對堆放在一樓的鹹漬魚乾還比較有興趣，要是察覺到有人來了，牠就會從那裡直接跳進海裡。不管怎樣，牠沒法上樓梯的。會是白鼬（røyskatt）嗎？從一個房間到另一個房間、每層樓逐一掃過，撤退的可能性還隨之減少，對牠這樣的動物來說也太危險了。嗯，也許就是小鳥了。但是，聲音聽來卻不是這樣。牠會拍擊翅膀，而且聽來不會是個女人的悲泣聲。

我首先注意到：閣樓的地板濕潤而光滑，好像某些黏糊糊的東西在地上拖行。現在，那聲音更加清楚了，我非常確信那聲音不是小孩，就是個女人的。我比較相信是女人的聲音，因為那聲音現在聽來彷彿在挑逗。那憂鬱的哼吟聲，彷彿被從海上抬入，又幾乎要被風聲所淹沒。但是，那不是海或風的歌唱聲。我和那聲音之間毫無阻隔，我繼續深入閣樓。在微弱的燭光下，我必須隨時注意，不被地板上的魚網絆倒，或不被開始鏽蝕的鐵桶箍鉤到。

賽倫（Sirenenes）女妖魅惑的歌聲，讓水手們遭到觸礁之災。神女喀耳刻（Kirke）用妖術把奧德賽（Odyssevs）的手下變成豬。我在閣樓的角落處，瞥見一個身影。我並不害怕，因為有個聲音告訴我，躺在那裡面不管是什麼東西，都傷害不了我。輪廓很不清楚，我小步接近，努力想搞懂在我前方的到底是何方神聖。我看見金色長髮，裸裎的上半身，還有雙乳……但是下半身是一條魚尾，那該不會是……

然後，我驚醒過來，冷汗如雨下，全身濕透，彷彿剛從海底被撈上來。

隔天早上，我睜開雙眼時，整個人像是大病初癒。雨果說：一整個晚上，他通過牆壁，聽見我高聲叫喊。我告訴他：那時，我正在被自己膨脹中的深淵所淹沒。他又說：他聽見我起身，在閣樓上走動。對此，我竟全無記憶。

18

由於我們還無法出海，格陵蘭鯊還在挪威西岸峽灣水底過著快樂的日子，不受兩個坐在RIB小艇上、毅力堅強的人所叨擾。

風暴的第二天（風勢很可能已緩和為強風），我沿著史柯洛瓦島的山壁與海灘，散了一下步。海水呈現武器般的鐵灰色，浪尖碩大而潔白。夜間，沿岸已經累積了相當的海水量，並開始打轉。就在靠近海面的一端，我見到許多被浪捲上岸來的黑鱈，想必牠們先被風暴沖到海面上。水流把牠們從水柱一路帶到陸地上來。牠們一定沒有躺在那裡很久，否則水獺、水貂（mink）、渡鴉（ravner）、烏鴉（kråker）或老鷹（havørner）早就把牠們吃乾舔淨了。再往前一段距離，我發現一頭已死的海豹，屍身被氣體脹得鼓鼓的。

奧克尼群島（Orknøyene）上，盛行關於**塞克特**（selkies）「海豹人」的傳說；牠們在海中能像海豹一樣游泳，在陸地上則化為人身。此外，牠們的吸引力很強，對處女特別危險。挪威北部人則特別懼怕具有許多特質來自大海的「厲鬼」（draugen）。厲鬼其實被視為是溺斃漁夫的鬼魂，毫無生機的眼睛泛紅，戴著一頂老式皮質遮雨帽。它的頭主要就只是一大叢的海草。它的另一特徵，是手臂異常地修長。當它搭乘只剩下一半的小船、頂著破爛風帆出現時，很喜歡緊跟住活人的船隻不放。如果它高聲尖叫，不管怎樣，千萬不要答話。就算厲鬼沒有把活人直接拉進海裡，看到它的人已是必死無疑。哪怕厲鬼沒有親自現身，它還是能預示死亡。它能在船隻停放在陸地上時，讓設備腐爛、生鏽。如果船槳的葉片朝向前方，坐在船艄的人就會遭到不測[51]。

雨果一生中，認識許多對厲鬼傳說心懷畏懼的老漁民。他們認為：它是真實的存在，而不是什麼民間故事或神話編造出來的。如果你開門見山地問，他們不會承認自己相信厲鬼的存在（因為這會讓他們聽起來像個精神病患）。不過，它可還沒完全消失。

在海灘的盡頭，我必須翻越一座山丘，抵達位於彼端的另一片海灘。它被海水沖刷得清潔溜溜，不見任何藻類或其他綠色植物。海水，已經帶走了一切。其中一端停放著一條艉部已經鏽蝕的舊船，沉入大海。當我年紀還小時，我常見到堆放在陡峭山丘上與海灘旁的鐵軌。它們的作用，是在於將船從艇庫或船台上拉進拉出，但我卻幻想著：這些鐵軌是針對火車而建造的，終點站是海底，那裡有密不透水的隔水艙，坐在裡面的乘客可以盡享眼前絕妙的美景。

我沿著山丘繼續前進，風暴依舊大作；我越往西方行進，風暴的勢力就越強。天幕呈現一片藍黑色低雲，籠罩在大海與列島上。周遭的聲音，宛如鐃鈸與低音鼓同時轟然作響。有次，我曾親身經歷過颶風；那聲響，讓我畢生難忘。一般的風暴，只像狼嚎或嘶嘶作響；颶風中，那些我們熟悉的、比較高亢清亮的聲音都消失了。剩下的只有一種沉悶、陰鬱、能穿透一切的聲音，宛如宇宙的靈魂傳遞出冷酷、陰沉的怒火。

空氣散發著清新的鹹味，但還帶點腐敗的氣息，那感覺像極了兩個人的身體在溫暖、潮濕的夏夜，在窗戶緊閉的臥房裡結合著。海水從石間擁擠的夾縫間奔流進來，當它來到底端、和山丘撞擊時，就像一座噴發的間歇泉。每次，它會沖下岩壁上的幾塊小石粒，將它們帶回大海。也許，將來有一天，這些石粒會在遠方某處海岸，造出一條新海灘。

海水的顏色暗沉，波浪覆蓋著白色的泡沫。風勢在浪頂鞭起小水珠，它們像毫無重量的雨點，朝岸上噴濺。當波浪猛擊到山丘時，便被擊碎，散成飛沫。水分子在世界各大洋中輕舞著，融解，汽化，冷卻，以各種不同的新方式組合在一起。噴濺到我臉上的浪花，很可能周遊過墨西哥灣、比斯開灣，穿越過白令海峽，多次繞行過好望角。從元古宙以來，它們甚至可能還在所有大大小小的海洋、湖泊遊歷過了。它們以雨水的形式撒落在旱地，被人類、動物與植物飲下過數千次，而後再蒸發，重新流入大海中。數十億年以來，水分子遍布地表的每個角落。

大海湧向峭壁與山丘，發出爆裂般的轟鳴與尖銳、嘶嘶的聲響。風將雲層吹散，然而太陽就是從不露臉。地平線顯得飽滿，灰綠色的海水似乎逸散出光線，直撲向陸地。我突然感到一陣恐懼，擔心海水會沖上我現在所處的位置。噢，不，我充滿一種非理性的驚恐，害怕大海會**嘗試著這樣做**。我意識到自己的想法有多麼瘋癲，對之投以一笑；不過，我還是朝山丘更高處爬去。就連海鷗都飛到更高的陸地處，藏匿起來了。

海洋，就是一切的起源。來自遠古時代的深沉波浪奔騰著，撲向我們，宛如來自遙不可及的海底洞穴，微小噴濺聲的回音。曾經有那麼幾次，我們在強烈風暴來襲時站在岸上，那感覺彷彿是大海想將我們帶回海底。遠處地平線的一道波浪，開始慢慢鍛鍊出更強而有力的肌肉——你甚至會認為，它事前就已經知道自己要往何處去，以及該如何到達目的地。風也獻上一臂之力，在整趟通往陸地的旅程中，打造出完美的流速與韻律。其他波浪推動著首波的潮浪，沿途敲擊喝采，使它能夠通行無阻。當它接近較淺的水域時，就一再加速，準備做最後的衝刺。

也許，一對剛陷入熱戀的情侶正走在岸上。也許是一對來自捷克、神情陰沉的夫妻，也許是帶著一台全新的攝影機、來自當地的業餘攝影師；或是一票在家裡百無聊賴、充滿好奇心、還完全沒有意識到自己也會死亡的青少年……所有這些人，他們離開自己溫暖安逸的家、舒適的旅館套房和小度假屋，想要親身體驗風暴是如何的狂野。

他們邊走邊打著寒顫，但卻非常開心，能夠在安全距離以外觀賞這股狂暴的力量。觀看陷入風暴中的大海，或許會讓他們其中一人發現，地球究竟有多麼年邁了。在那可畏的寬廣平面上，風勢在浪頂處吹磨出皺紋，被鞭起的泡沫宛若白髮，沉重的轟鳴聲，以及其他一切讓大海看起來如此蒼老的面容。

老一輩的人，總將大型波浪稱為「奔騰的馬」（Brimhestene）。原因在於，浪頂的泡沫和馬匹往岸上奔馳時鬃毛揚起的形象，極為相似。現在，他們所不知道大海能創造出的巨浪，就產生了。它朝岸而去，背部微彎，巨大的口張開著。它散發著力量，高舉著，繼續奔馳，直到墜落，爆裂為止。海吐出一條大舌頭，探尋著，繼續高舉，向上高舉，比其他的波浪還要長得多——掠過海灘，掠過陡岸，到達光禿的石壁。這道浪與眾不同。它高挺著，衝破巨礫、石頭與岩崖石塊所構成的阻礙，又奔馳了數公尺，直撲那原本屬於陸地上的一切。這道大浪，宛如章魚的觸手直伸出海面，視線直盯幾個人站立的位置；那幾個人，都還渾然不覺接下來會發生什麼事。

即使水深還未及膝蓋，洋流的力道是如此強勁，已淹過了他們的腳。要不是剛才那一刻所發生的事，他們鐵定還能在同一地點連續站上五十年，而不被水花濺濕。他們一時興起，才來到此地；不過他們其實大可以窩在家裡，和其他人一樣，日復一日、年復一年過著平庸、尋常的生活。

大浪，將他們捲翻。這經驗，本來可以成為隔天午餐時間用來娛樂眾人的話題——假如海水不需要返回大海、將它行進路線上的一切全都吸走的話。雙手絕望地想抓住某個固定物，卻握到濕滑的巨礫與岩石，或被尖銳的牡蠣外殼劃破，鮮血直流。手上沾滿了水藻和泥沙，一切陷入徒勞。退浪佔了上風。先是困惑感，眼神在十分之一秒內交會，臉部表情像是在問：這是不是對方為了搞笑，要出的另一個把戲。然而，兩人現在都意識到事態嚴重，震驚與恐慌像是白熱的電流，貫徹了全身。就在這一瞬間，大腦同時處在幾個不同的次元裡。時間陷入結凍。腎上腺素爆衝著，全身所有的警報系統都被啟動了。這本來是一趟在惡劣天候下，使精神為之一振、提升晚餐前食欲的海灘漫步，卻可能演變成人生的「最後一程」。簾幕拉起，如戲的人生在舞台上演著；然而，這可不是搞笑的鬧劇，而是一場有聲有色的諷刺滑稽劇，甚至還按下了**向前快轉鈕**。

大海收起舌頭，舔舔自己的嘴巴，再闔上雙唇。岸上，只剩下幾道即將消失的白色泡沫。海裡，有幾個人像是被扔進洗衣機裡一般地翻轉著，直到他們再也分不清上下為止。也許他們撞上石頭，陷入昏迷，一路被向下拖曳著，乃至溺斃。或許，他們就此消失，無人知道其確切的下落。他們就這樣永遠地消失無蹤。每年的秋冬二季，風暴來襲時，海岸邊總會發生這種意外事故。

時序接近傍晚之際，海水的轟鳴聲從西邊傳來。碩大而烏黑的雲朵逼近史柯洛瓦島，遮蔽了月亮。當能源熄滅時，大地陷入一片漆黑。無邊無際的暗夜隨著風暴爭相而至，籠罩、滲入萬物之中。

19

隔天早上，風暴似乎有減緩之勢。然而，我們飄浮的小島仍置身於狂暴的汪洋之中。根據天氣預報，海象還需要許多天才能恢復平靜，屆時我們才能出海。因此，我就坐在室內，邊看著書，邊做筆記；雨果則在紅屋繼續幹他的木工活。所幸，他的工作已經進行了相當程度，使他能夠在室內，戴著耳機，邊聽廣播節目邊工作。他習慣把耳機忘在各種光怪陸離的地方，事後他必須到處尋找。

惡劣的天候，給了我閱讀自己所帶來的書籍的好機會。我掏出一本有著白色封面、又大又厚重的書籍。這本書在近五百年前，第一次以拉丁文出版。就我所知，作者奧盧斯·

馬格努斯寫到的，是在他所處的年代所存在的海中怪物（特別是在挪威與冰島外海）。他在書中所描述的海怪，被畫進一幅我所熟知的地圖裡：那就是奧盧斯．馬格努斯在一五三九年所繪製的《海洋地圖》（*Carta Marina*）。

奧盧斯．馬格努斯其實是生於林雪坪（Linköping）的瑞典人奧拉夫．蒙森（Olaf Månsson），奧盧斯．馬格努斯是他的拉丁文名字。他本是天主教的主教，但在瑞典改信新教時，他被迫流亡海外——先到波蘭的格但斯克（Gdańsk），再到達羅馬。他在羅馬撰寫這部關於北歐民族史的重要作品，並著手繪製這幅《海洋地圖》；一五五五年，全書在當時教皇尤里烏斯三世（Julius III）的庇護下出版。全書計有一千一百多頁，排版非常密集，我手上的版本是被集合成一卷。事實證明，它真是一座非比尋常的知識寶庫。原因在於，奧盧斯．馬格努斯是一位著名的人文主義者，博學多聞，尤其擅長從經典古典文藝作品等所有文獻中，汲取知識。

根據當時的時代精神，這部書的完整標題完全說明了內容的本質：《關於北歐民族、其多樣的關係與背景，他們的風俗、迷信與宗教信仰、專長與體育活動、社會習俗與生活方式、戰爭、建築與工具、礦藏與礦脈、所有棲息於北歐動物的奇妙軼聞及其天性。本書內容極為多元，涉及相當多領域的知識，部分以外國實例，部分以國內事物的圖繪提供說明，且具高度娛樂性，望能使讀者諸君感到滿意》（*Historien om de nordiske folk, deres ulike forhold og vilkår, sedvaner, religiøse og overtroiske vaner, ferdigheter og idretter, samfunnsskikker og levnetssett, krig, bygninger og redskap, gruver og bergverk, vidunderlige ting og om nesten alle dyr som lever i Norden og deres natur. Et verk av vekslende innhold, spekket med mangslungen kunnskap og belyst dels med utenlandske eksempler, dels med avbildninger av innenlandske ting, i høy grad egnet til å more og underholde, og som vil etterlate leseren med et fornøyet sinn*）[52]。

奧盧斯．馬格努斯寫下了一部意義深遠的重要作品，在往後數百年間被翻譯成英文、德文、荷蘭文和義大利文。他的目的，就是讓本書成為所有關於北歐知識的集大成者。在該書的第二部，他就已經開始寫到「大量屬於海水性質的詭異現象，尤其是挪威北部寬廣海域與該地區為數眾多的群島特質」。此處描述的現象包羅萬象，例如冰島火山。據說，在冰島火山處還能發現溺死或猝死者的魂魄與幻影在該處徘徊。它們的鬼影是如此清晰、明確，使人無法將它們與一般活人區分；只是你偶然遇上它們時，它們會避免上前和你握手。此外，奧盧斯．馬格努斯還描述了海灘上洞穴裡發出的恐怖聲響、魚乾的腥臭味、海冰令人感到驚異的物理性質、格陵蘭愛斯基摩人的獨木舟、法羅群島（Færøyene）充滿神祕色彩的峭壁、挪威海岸難以測量的深度，以及瑞典北部的河川。

奧盧斯．馬格努斯著作的一部分內容，乃是針對有名的《海洋地圖》中包括怪獸在內，各種被詳細繪入的奇異生物進行補充性描述。這部書變得非常有名。然而，到了一五八〇年左右，所有已知的地圖及其謄本竟然全消失了。直到一八八六年，人們才在德國慕尼黑的市立圖書館發現一份地圖。到了一九六二年，烏普薩拉大學圖書館（universitetsbiblioteket i Uppsala）又發現另一份地圖。一想到這樣的文化寶藏差一點就會永久消失，真是令人心痛。

奧盧斯．馬格努斯藉由長途的海陸旅行，在北歐與北歐以外的地區進行深入、徹底的考察。他對挪威海岸，留下許多書面記錄。然而，我們並不能確定他曾親臨過這些海岸。但是，他的文字記錄彷彿百科全書一般周詳，許多內容也是根據漁夫與海員的敘事所寫成——這些敘事中，絕大多數是由古代許多知名或不知名的權威人士所留下的，探究各種不同的海底現象與生命形態，構成「神祕超然的、永恆不斷的生機」。

奧盧斯．馬格努斯就和同時期的許多飽學之士一樣，相信所有存在於陸地上的動物，都能在海中找到相對應的物種。尤有甚者，許多神祕的動物還只在海中棲息。植物的情況，也是如此：包括款冬（hestehov）在內的所有陸上植物，都能在海中找到相對應的物種。

總之，海洋中存在一系列特有的從獅子到老鷹，野豬、樹木、狼群、蝗蟲、犬隻、燕子與其他物種，遍布鳥類、動物界與植物界。許多構造簡單、原始的動物藉由吸入南風，就能成長茁壯；其他原始的動物，則藉由吸入北風成長茁壯。

《海洋地圖》中繪入了北歐斯堪地那維亞半島上的森林、山岳、城鎮、住民與動物，以及丹麥、蘇格蘭、法羅群島、奧克尼群島、昔德蘭群島、冰島等地理區。圖像中還包括這些地理區內的狼群、鹿群、馴鹿、麋鹿，以及其他較為人所知的動物物種。奧克尼群島陸地上的動物生態，注入了童話故事般的特質，相當引人入勝。在那兒，繁茂的果樹所結的果實能孵化出幼鴨[53]。

然而，真正使奧盧斯・馬格努斯這部《海洋地圖》聲名大噪的，還是這些國家之間海中栩栩如生、活靈活現的怪獸圖像。地圖的西部與北部均為海洋所覆蓋，海面上描繪的，則是一頭接一頭外觀引人注目的怪獸。有些怪獸有著地獄般熾紅的雙眼，下顎長著長長的獠牙；其他怪獸則有能力吞噬大型船隻，充滿惡意，又或僅僅是因為其巨大的體型，就足以構成生命危險。奧盧斯・馬格努斯在書中做了詳細說明：懵懂無知的水手在大海怪的背部下錨，生火煮飯，還以為自己身處在乾燥的地面上。當然，炊事的柴火所散發的熱氣喚醒了大魚，驅使其下潛。這讓置身其背上的人們大驚失色，直接被拖入海中，淪為波臣。

《海洋地圖》展示了海中獨角獸、會飛行的大魚、長著角的海母牛、海犀牛、像公牛般大的海馬、有毒的海兔、海老鼠和一隻水蝗。水蝗有十個爪子，只要一個爪子就能從船上抓下一個人，扔到海底，供等候在下方的親友吞食。

和奧盧斯・馬格努斯同一時代的水手們，生活可是很艱困的。那些有幸能見到他的地圖，甚或懂拉丁文能讀他著作的知識分子，鐵定還會感到震驚不已。他們對海中各種各樣的危險，其實已經有所認知。但是，博學多聞的奧盧斯・馬格努斯這部使人激賞的圖冊，詳盡記載各種駭人的海怪，恐怖程度可能遠超過他們從港口最糟的廉價旅館所聽到的謠言。假如有人因此轉念、希望找到陸地上的工作，那也是完全可以理解的。

比方說：要是遭遇在地圖上現身於法羅群島外海的喙鯨（Ziphius）時，你該怎麼辦呢？這種巨獸有著貓頭鷹一般的臉孔，彎曲的長喙。牠們用背部的鰭在船底鑽出或鑿出大洞，再從洞處吞食船上人員。

遇上多毛的海豬（sjøsvinet），又該怎麼辦呢？牠很像放大版的豬隻，但卻有四條龍爪，身體兩側各有兩隻眼睛，下腹部和肚臍上還各長了一隻眼。海豬和海牛（sjøkalven）結為朋友，甚至稱兄道弟，是常發生的事。牠們之中任何一方都非常危險，因此牠們一旦合作，帶來的殺機與危險更是無與倫比。沒有什麼比同時遇上這兩種猛獸，更不幸的事情了。

奧盧斯．馬格努斯寫道：一五三七年在「德國海域」就曾發現過一頭海豬，這導致梵諦岡方面啟動一項調查，想了解這種怪物的現身到底是什麼預兆。羅馬那些博學多聞的賢達人士認定：這種怪物出現絕非吉兆。整頭巨獸，就意味著對真理的扭曲——即使沒有具體事證支持，教廷仍一口認定，這頭巨獸醜惡無比的生理特徵，就是對真理的扭曲。

這部書也包括許多給水手的實用建議。例如，奧盧斯．馬格努斯寫道：假如人們在海面上吹響號角，就能使某些海怪逃之夭夭。能夠噴出水柱、甚至擊沉噸位最重船隻的抹香鯨，就是一例。號角的聲響讓牠們痛苦不堪，迫使牠們必須「逃回」深不可測的海底。奧盧斯．馬格努斯還引用了包括斯特拉波（Strabon）與老普林尼（Plinius den eldre）等，古希臘與羅馬時代地理與自然史權威學者的說法，作為文獻來源。此外，他也建議水手將水桶與大型容器朝海怪們扔去，讓牠們把玩、逗弄這些物體，分散其注意力。這招如果不見效，水手們也可以嘗試用加農砲或投石器攻擊海怪；砲彈的爆破聲響，應足以將海怪逐退。

船隻也可能遭到鳥類襲擊。有一種鵪鶉（vaktler），會大量棲息在船桅與船帆上，連威力最強大的軍艦，都會因此沉入海底。遇到這種情況，水手們就該點亮火把。另外，並非所有危險的魚類，體積都特別巨大。有一種魚類，僅有半呎長。牠的希臘文名字是Echeneis，拉丁文名字則是Remora。人稱這種魚類為「吸船者」（skipsholderen）。這名字很明顯地暗示：這種魚會牢牢吸附在船身上。不管風勢如何強烈、波浪如何迅猛，被吸附住的船隻都動彈不得，像是在海中生根一樣。奧盧斯．馬格努斯引用並摘錄了神學家聖依西多祿（Isidore of Seville，約五六〇—六三六）的著作內容；然而，米蘭主教聖安波羅修（Ambrosius av Milano，約三三七—三九七）也提到過這種現象，把吸船者稱為「惡劣又可憐的海中動物」54。

「無論身在何處，人類都面臨各種敵人，」奧盧斯．馬格努斯寫道，還不斷描述各式各樣、五花八門，惡毒兇險的海中生物。牠們之中有些面孔像人，有些則像獅子。其中一些（包括管魷目〔kalamaren〕），會讓觸碰到牠們身體的漁夫雙手痲痺。要是紗線或掛鉤被這種怪物纏上、而沒能馬上擺脫掉，就會產生致命的風暴，足以使整艘船傾覆沉沒。牠們的現身，意味著陸地上即將出現紛亂、爆發戰爭，或是攝政王即將暴斃。

地圖上往北直達格陵蘭的方向，但見一種生物，將其多毛、多鬚的臉孔探出海面。這種生物被稱為「海人」（Havmenn），有著人形的身體，而非美人魚式的魚尾。牠們以一種悲怨無比、如泣如訴的聲調歌唱著，還會在半夜時分爬上船來。奧盧斯．馬格努斯寫道：發生這種情況，意味著大難臨頭了。被海人佔據的船身部分會下沉，牠要是停留過久，整條船就會沉沒。奧盧斯．馬格努斯從「信仰堅定的挪威漁民」處，聽過這樣的說法：要是不幸被這種怪物纏上，必須馬上把帆纜割斷。如果不這樣做，整艘船終將葬身魚腹。那時，就會出現一陣強烈的風暴，整片天空為之碎裂。此外，其他幾頭海人與別的怪獸還可能循著異味，不懷好意地欺上前來。水手們要是能夠保住小命，就該慶幸不已了[55]。

奧盧斯．馬格努斯知識淵博，堪稱博學之士。他的作品對北歐各種現象與生物行為，提供了全面的敘述，許多描繪也不失精確。不過，他區分這個世界的方式和我們今天的想法不太一樣。第二十一冊第八章的標題〈各種魚類之間的友誼與仇敵關係〉（Om fiendskap og vennskap mellom enkelte fisker），就是一個好例子。和其他許多段落一樣，奧盧斯．馬格努斯在此表明：他認定魚類不只有意識，甚至還有自己的想法、道德與文化。有些魚類比如鬚鯨小目（bardehvalene），生性就比較友善；其他魚種則喜歡社交，以及集體生活。然而，鯡魚和其他群聚性魚類，就像人類一樣，牠們的群體中也會有個體出面領導大家。

奧盧斯．馬格努斯寫道：魚類之中，也有不愛社交的獨行俠。有些魚類「根本不可能結交朋友」，終其一生都和其他魚類處於敵對關係。格陵蘭鯊絕對屬於這一類型。當海底分屬不同「國度」的物種（比如龍蝦〔hummer〕）之間爆發戰爭時，不同的龍蝦物種還會像軍隊一樣動員、集結起來。

奧盧斯．馬格努斯讀遍所有知名的古典與權威學者著作，並積極地引述他們所寫到的內容。比如說米蘭主教聖安波羅修表示過，所有陸生與海中的動物至少都有一項值得人類效法、模仿的正面特質。標題為「魚類與人類之間的美妙類比」（En vakker sammenligning mellom fisker og mennesker）[56]章節中，就描述了某些魚類的偉大親情。由於魚類根本就不在乎錢財與物質生活，無恥的物欲對牠們而言就是陌生的概念。是啊——聖經中「鯨腹裡的約拿」的故事，不就證明虔誠與堅貞是海底世界最偉大的特質嗎？約拿被人群離棄，但魚群卻接納了他。奧盧斯．馬格努斯預設：他的讀者都了解，約拿的故事暗指耶穌的受難與復活。奧盧斯．馬格努斯還寫道：耶穌不只解救了陸地上的眾生，還解救了海中的生靈。

在這部作品中，沒有其他海域，能比我和雨果持續坐在一艘橡皮艇上，載浮載沉地飄蕩著前往捕捉格陵蘭鯊的這塊海域，受到更戲劇化的描述了。「挪威海岸以及周邊的近海，出現過沒有名字、令人嘆為觀止的魚類。不過，牠們被認定是鯨魚。牠們的野性在第一次相遇時就展露無遺，使見到牠們的人感到驚懼、恐怖。牠們方形的頭部外觀極為駭人，滿布著荊棘與釘子，以及宛如被拔起的樹根般的長角環繞著……天色昏暗時，漁民從遠距離就能望見波浪間閃閃發亮的眼睛，宛如灼熱的火球。」[57]此外，這種生物還有類似鵝羽毛的毛髮，又長又粗，分布密集，也會讓人聯想起下垂的鬍鬚。根據奧盧斯・馬格努斯的記載：和那碩大的頭部相比，身體的其他部分相對渺小。然而，這種怪物還是能輕易地掀翻滿載最精壯水手的大型船隻。

奧盧斯・馬格努斯這本絕妙的著作，對我和雨果而言最感興趣的是鯊。有些人把鯊稱為「海狗」（havhunder），但在挪威牠們就是「鯊—魚」（haa-fisk）。奧盧斯・馬格努斯在標題為「某些殘暴的魚類，以及其他善良的魚類」（Om noen fiskers grusomhet og andres snillhet）的章節中，直接評論地圖中出現的一幕景象[58]。那幅插圖描述一個人在斯塔萬格（Stavanger）西南方一小段距離外的海域遭到鯊魚襲擊。但是，其中一種比較善良的魚類——更確切地說，是一條鰩魚（rokke）——卻挺身而出，解救那名男子。奧盧斯・馬格努斯說明：鯊魚常成群結夥進行攻擊，相當冷血。牠們能藉由身體重量，將人們拖進海底，在那兒將人體柔軟的四肢吞食殆盡。但是，一條鰩魚挺身介入，制止這場「暴行」。鰩魚在盛怒下發動攻擊，然後守護住遭攻擊者，好讓他能游開。假如他已經死了，至少讓屍體能在海面「恢復乾淨」以後，浮上來。

鯊漁會潛伏在船身下方，以其與生俱來的邪惡天性，掠食人類。牠們攻擊人體上的鼻子、腳趾、手指與性器官。一發現人體上白色的部分，更是興奮不已。這些記載，是否能被視為關於鯊魚襲擊人類的最初、極度不可信的描述，進而成為雨果針對相同主題做出臆測的一小部分基礎呢？

奧盧斯．馬格努斯引用了學識淵博的亞伯特．馬格努斯（Albertus Magnus，約一一九五—一二八〇）的說法：海豚總是很樂意把已溺死或快溺死的人送上岸——卻不願意搭救曾吃過海豚肉的人。古希臘的希羅多德（Herodot）提到過：有位名叫阿里翁（Arion）的詩人與音樂家，從本來要載他回家的船上被扔下海，原因是船上其他人覬覦他表演所贏得的獎金。他們讓他實現死前最後的遺願：高歌一曲。結果，他用歌聲召喚海豚，海豚將他安然護送上岸。

或許，奧盧斯．馬格努斯曾見過同時代義大利藝術家洛倫佐（Lorenzetto）那尊有名的大理石雕「海豚上的男孩」（Gutt på en delfin）（今天，這座雕像位於聖彼得堡的艾米塔吉博物館〔Eremitasjen〕內）。雕像中，一個小男孩裸睡在一條游動中的海豚背上，並伸出雙臂。這條海豚看來雖然只比小男孩大一點點，表情可是很堅決的。海豚和我們這些觀賞者都知道：這是代表良善的義舉，意在拯救脆弱的小嬰孩。

奧盧斯・馬格努斯說明：由於挪威外海水深深不可測，人們最常在這一帶發現已知的以及新的（未知的）海怪。即使周遭環繞著這麼多的危險，挪威北部的漁夫還是勇於向遠洋探險，也因此持續遭遇到最恐怖的怪獸。

離我和雨果目前行駛中的海域不遠，在羅浮敦群島正南方處，也許就住著當中最令人驚嘆不已的水中生物。那是一條身長至少六十公尺的巨型紅色海蛇（kjempehavorm）。地圖上，牠正纏繞住一艘大型高桅橫帆船，嘴裡還塞著一個人[59]。

奧盧斯・馬格努斯關於這頭怪獸的敘述，在接下來數百年間流傳下來。假如閱讀卑爾根教區主教艾瑞克・龐托皮丹所寫的《挪威自然史》（*Norges naturhistorie*，一七五二年），就會看到這一段。他針對一系列的**海怪**（monstris marinis），進行描述與探討。證明牠們存在的證據，包括許多挪威北部漁民的目擊證詞，有很強的說服力[60]。龐托皮丹主教也只能做出「海怪確實存在」的結論——就像衣索比亞和其他非洲國家，那些根據報告指出，體型大到足以繞住大象的腳、使其踉蹌甚至跌倒，進而吞食大象的巨型蛇類。

奧盧斯・馬格努斯寫到人們認定曾在挪威外海出現過、諢名為「妖魔」（Kraken），宛如神話的巨烏賊。冰島人稱之為「冒著蒸氣的海怪」（hafgufa）。在「天主紀元一五二〇年」一章中，尼達羅斯（Nidaros）教區主教艾瑞克．瓦肯多夫（Erik Valkendorf）曾在給教皇利奧十世（Leo X）的書信裡，提到這種海怪。奧盧斯．馬格努斯引用這封書信，作為證實怪獸存在的證據。龐托皮丹主教在兩百年後的形容，則是再清晰不過了：他指稱，有一頭巨烏賊身長可達一點六公里。牠的腳大如帆船的桅杆，還能用特殊的氣味，將魚隻吸引到自己的嘴裡。牠潛入水中時，還會造成巨大的下沉漩渦。妖魔又名「巨螃蟹」（horven）或「巨耙」（uten tvil）。根據龐托皮丹的說法，「無疑是」地球上最巨大的海怪61。

中世紀時，人們曾相信格陵蘭外海存在美人魚（havfruer）與海人62。假如龐托皮丹主教的話是可信的，五百年後的今天，牠們想必已經更加接近我們的海岸了。這位卑爾根主教針對丹麥與挪威外海出現過的海人與美人魚，多次提出可信的證詞。

就在三名海員指稱親眼見到海人以後，有位名叫安德瑞亞．博蘇斯（Andreas Bussæus）的丹麥市長順利將一頭這樣的生物捕撈上岸。這件事引起軒然大波，一項公共調查隨即啟動。這頭海人看來年事已高，但仍然相當強壯，肩膀寬闊厚實。牠的頭部很小，雙眼深陷，鬈髮的長度只及耳畔。牠的臉部瘦削而尖銳，短短的鬍鬚顯然修剪過，牠全身上下根本就是一條魚。二十年前，彼得．古那遜（Peter Gunnersen）指稱見過一條長髮披肩的美人魚。不過，有一點恐怕才是最重要的：她的胸部，大到令人驚艷不已63。

古代的羅浮敦群島，也有關於類似奧盧斯．馬格努斯與龐托皮丹主教所述海人生物的說法。牠們的上半身與人類無異，但下半身則接近魚類。通常，牠們被稱為Marmæler（海人），體型比厲鬼要小得多。牠們之中，最小的甚至不超過數公分64。

龐托皮丹主教的自然史，搭配關於挪威動物、鳥類、昆蟲與魚類的插圖。這些插圖運用當時最先進的科技與超現實主義感，其中兩張插畫，就是描繪一條正在擊沉船隻的海蛇。由於龐托皮丹是一位嚴謹的理性主義者，希望明確地區分神話、冒險、迷信與具體冷硬的事實，他的作品對啟蒙時代非常有價值。一方面，沒有人能夠否認：海中確實充滿各種光怪陸離、荒誕不經的生物。令一方面，龐托皮丹也不希望過於天真。描述這些故事的海員與漁夫，本身就可能做出錯誤解讀或誇大其詞；或者，他們的證詞也可能被他人所扭曲。

例如，龐托皮丹就不相信下列的故事：一條海人據信在霍達蘭郡（Hordaland）被幾個漁夫拘禁長達一週，還為賀雷夫國王（Hjorleif）獻唱一首使人感到不快的歌曲。或者，一條自稱依布蘭（Isbrandt）的美人魚在薩姆索島（Samsø）上，和一個喝醉酒的農夫促膝長談的故事。不過，就算關於海人和美人魚的敘述常常流於誇大、過於古怪，龐托皮丹還是相信：就像海馬、海牛、海狼、海豬、海豹與海狗，以及其他奧盧斯．馬格努斯描述過的生物一樣，這些物種確實是存在的。

《海洋地圖》很可能是奧盧斯・馬格努斯與他的訊息提供者——上至古希臘羅馬時代作者，下至挪威北部的漁夫——所做的一次努力，試圖描繪出他們所相信的真相。我們也不能全盤忽略：這些挪威北部的漁夫存心欺瞞博學多聞的主教。主教來問他們各式各樣的事情，後面還跟著一個不怎麼能幹的口譯員。這當中，當然有誇大其詞的情事，不過，也並非所有人都一直誇大或扯謊。

偉大的地圖師塞巴斯丁・繆斯特（Sebastian Münster，一四八八—一五五二）與亞伯拉罕・奧特柳斯（Abraham Ortelius，一五二七—九八）也非常慷慨，用大量的插畫，描繪出這些出沒於世界各大洋下的怪物。格陵蘭的傳教士漢斯・艾吉提（Hans Egede，一六八六—一七五八），就曾寫下關於從未在《海洋地圖》中出現過的海怪的目擊證詞。順便一提，艾吉提還曾在一七〇七年到一七一八年間，擔任過史柯洛瓦島所在的沃甘市（Vågan）宣教牧師。

一八九二年，荷蘭動物學家與昆蟲學專家安東・考利涅斯・歐德曼斯（Antoon C. Oudemans），針對挪威的大海蛇發表批評性的專題。他能夠舉出超過三百則述及這頭怪獸的書面文獻。關於海蛇的傳說，始自於奧盧斯・馬格努斯，但卻在十九世紀末葉達到高峰。歐德曼斯這部詳盡的作品中，將大量的證詞駁斥為謊言與詐騙。荷蘭人的研究工作，成為驗證海怪是否存在的科學基石。不過，他表示許多人曾見過當時未知的巨大海獅（Megophias megophias）[65]；不過這種生物其實並不存在，所以他也造成了某種程度的困惑。

奧盧斯．馬格努斯、龐托皮丹與艾吉提都處在一個人們對鯨魚、深海魚類及其他動物所知甚少，現代科學又尚未建立將地球上生物進行分類原則的年代。我們藉由科學認識的生物形態與物種，甚至比奧盧斯．馬格努斯所能想像的還要不可思議。

奧盧斯．馬格努斯在其中一段，描述到「多足怪物」（水螅體〔polyper〕）。牠們的八隻腳，附有杯狀的吸盤，其中四隻腳特別長（一如我們所知，烏賊的兩隻觸鬚也比另外六隻觸手長得多）。牠們的背部還有能控制水流進出的「管子」；牠們體內沒有血液，住在海底的洞穴中，並根據周遭環境變換身體的顏色[66]。

與我們今日已掌握的科學性知識相比較，這段關於烏賊的形容算是精確的。例如：假如「吸血鬼烏賊」（拉丁學名為Vampyroteuthis infernalis，意味「來自地獄的吸血鬼烏賊」）在深海處遭到攻擊，牠會怎麼反應？假如周遭已經一片昏暗，噴墨汁顯然毫無助益。然而，吸血鬼烏賊還有另一個絕招。牠會咬斷自己八隻觸手的其中一隻；被咬下的觸手，發出藍色閃光在水中飄浮。這將分散敵人的注意力，使烏賊有機會逃逸。吸血鬼烏賊能生活在深達一千五百公尺的海底，牠因為雙眼而獲得這個名號。考量到體重，牠的雙眼在動物王國中，可算是最大的。正常情況下，牠的雙眼呈淡藍色，但牠有能力在不到一秒內，把它們變成血紅色，感覺就像一部低成本製作的驚悚片效果。

奧盧斯·馬格努斯寫道：這種兇悍的海怪，一旦遭遇困境，可以啃食自己身體的一部分。事實上，某些頭足綱是可以啃食自己觸手為生的。被啃食的部分，還會再長回來。也許更令人佩服不已的是，許多章魚能夠射出和自己體型相同，或在某些情況下能包括發光粒子的墨汁。我們都認識這種具有相似特質的人，他們出現在漫畫或電影中，名號就叫超級英雄。

一頭於二〇〇五年在印尼被發現的章魚，有能力變成比目魚、海蛇、不同魚類，或幾乎任何一種在牠眼前出現的生物形狀。此外，絕大部分章魚能夠迅疾變換皮膚形態與顏色，藉此和周遭環境融合成一體。當牠們在深海游動時，無論是從下方或上方，都無法發現牠們。

牠們的觸手或觸鬚還能被當成武器發射，牠的行進速度可比我們肉眼的反應還快。每隻觸手就像一條附有吸盤的長舌頭，吸盤上有著功能近似味蕾的化學受器，分布精密的神經網絡，則讓這些觸手具備極高的敏銳度。

某些種類的頭足綱，水中游速每小時可達四十公里。牠們有著藍色的血液、三顆心臟，每個觸手上有著腦部，還有跟我們一樣的神經細胞。不過，我們對牠們是否有睡眠習慣，仍是不得而知。無疑地，牠們相當聰明，可以很快學會各種符號67。而且很明顯地，牠們的體型也相當龐大。

大王酸漿魷（Mesonychoteuthis hamiltoni）是世界上已知噸位最重的生物。直到今日，人們也僅仔細研究過兩頭這種巨獸的完整軀體。大王酸漿魷僅棲息在南極洲深海與鄰近的深海區域，然而我們在今日對牠的了解，並沒比奧盧斯·馬格努斯的時代更周詳。他對海怪的體積與攻擊性，自是有所誇大，頭足綱的體型並沒比船隻大。但在現實中牠們的特性遠比奧盧斯·馬格努斯所描述的，還要奇妙。事實上，海豚拯救快要溺死者的說法，是有詳盡文獻記載的。

20

四天後，天氣終於平靜下來。我擱下書本，離開自己位於艾斯約德漁產加工廠裡，臨時整頓出來的書房。風暴遺留下一片褪盡斑斕、潮濕、幾乎只見透明、灰白色澤的世界。風景與建築物看似失去了輪廓，海面沉重，了無生機，彷彿在最近這幾天風暴的肆虐後，氣力完全放盡。就連我從碼頭上望見的魚群，多半都無所事事，慵懶地游動著。

海水，就在一片灰暗、陰鬱的濃霧後方，出入挪威西岸峽灣。潮汐將波浪從南方帶到北方，每天兩次與史柯洛瓦島交會，海水帶動近岸流融入峽灣，而力量強大的大西洋海流則繼續往北，向北冰洋行進。我們現在，其實可以出海，然而，我卻必須回到奧斯陸。

雨果與我，早已開始規劃冬季的釣魚活動。我們將從史提根的一座養豬場上，取得一頭死產或畸形的小豬。我們道別之際，還不忘提醒對方：這次，我們一定會逮到格陵蘭鯊的。我是否在他的眼神中，察覺到一抹猶疑呢？

不會的，這應該只是我多想罷了。我們的內心，宛如勤奮不懈的礦工。缺乏戰果，反而使我們的意志如鋼鐵般堅定。就像一座旋轉、旋轉，再旋轉的螺旋槳，以及深不可測、輪替的聲響。兩個人坐在一條小艇上，從來無法預知：在海上等著他們的，或是他們從深淵拉上來的，會是何方神聖。他們置身於融解般的星星與帶電的滿月之下，宛如成群結夥、歇斯底里的牲口般的碎浪和瘋狗浪，襲擊著各島嶼。燈塔那瘋狂的眼神，更從未離開過我們。

冬

21

再度北行時，已是三月初了。我一如往常，受到身處內陸時所夢寐以求的，大海對探險所做出的古老承諾，以及捕鯊的念頭吸引著。我從柏林搭機，經奧斯陸轉機後抵達博德，爾後再搭乘北上的快艇抵達史柯洛瓦島。在火燒峽（Brennsund）與賀涅松德的村莊，白煙靜謐地從煙囪中升起，穿越極地結霜的空氣。

天氣，異常的冷。沿海地區的冬天，常是潮濕而嚴酷的，但很少這麼寒冷。墨西哥灣暖流每日帶給歐洲的熱能，相當於全球煤礦場運作十年的產熱量。羅浮敦群島的緯度，比格陵蘭首府努克（Nuuk）還高上一段。然而，羅浮敦群島的年均溫竟高上十度。沒有墨西哥灣暖流的話，整片挪威海岸就將是一片廢棄的冰原，只有短暫的極地型夏季。

我在當地報紙上讀到：超過一百頭野生綿羊在滿潮時被水沖走。當時，牠們置身於布爾島（Burøya），天候嚴寒。牠們的羊毛上覆蓋著冰雪，潮汐就在這時湧入——山丘頓時被水淹沒，這是羊群所始料未及的。牠們毫無逃生機會。一百零四頭羊不幸滅頂，只有三頭幸免於難。牠們在山丘上，到底是想做什麼？

雨果過了一個難受的夜晚。前一天，他對地板進行填縫工作，然而氣溫是攝氏零下十五度，整座史柯洛瓦島異常冰冷，連水都結凍了。為了洗去地板的鹼液，他必須到海邊取鹽水。結果害他的手指甲裂開、甚至半脫落。撇開這一點，以及患了流行性感冒的事實，他還是一如往常地正面且積極。想把艾斯約德漁產加工廠改建為餐廳、酒吧、旅店、畫廊的計畫，確實在資金上遭遇了麻煩。工程陷入停頓，但這看來並不特別使他感到困擾。腸胃呢？他只是朝天翻了個白眼，帶我在漁產加工廠四周繞了繞，向我展示他和梅特自我上次造訪後最近這段期間整頓的成果。他們是頗有斬獲的。他對「紅屋」的室內部分，已做了相當程度的整頓。此外，他們在漁產加工廠裡也完成了不少工作。最驚人的是，他們已把鱈魚乾庫房、放釣魚具的房間和一樓都打掃乾淨。所有陳舊的裝備、水桶、器材與設備，均已一掃而空。他們規劃在一週內，於艾斯約德漁產加工廠舉辦一場盛大的宴會。雨果還用了裝魚的條板箱做了一個柵欄，柵欄上印著漁產加工廠的名字，以及從瓦爾德到奧勒松各地其他的公司名稱。

冬季期間，史提根的漁業活動也經歷漫長的休工期。雨果就在那兒，完成好幾幅油畫。其中一幅長達七公尺的畫作，將被展示在新建成的附屬於博德圖書館，名為「風暴」（Stormen）的文化中心內。若要更謹慎地表述，他另外兩幅畫的靈感，就是來自於格陵蘭鯊。對了，提到風暴，颶風奧勒（Ole）掃過史柯洛瓦島，把一整座碼頭建築吹進海裡。結果，這座碼頭建築就漂過艾斯約德漁產加工廠附近的海面。要是加工廠沒經過整修，還繼續在破爛、腐朽的基座上震顫，它想必也是挺不過這種惡劣天候的。

經過這番更新，我最後終於開口問了：

「除此之外，你的時間都用到哪裡去了？」

「除此之外!?」

這回，我再也無法掩飾自己，開始微笑起來。

「那你咧？」他反問我。

「噢，你知道的。大城市的嘈雜、塵囂。不就是骯髒的積雪、拿鐵咖啡、炸魚條、烤醃羊肉串、違規停車的罰單還有壓力，」我回答道。

雨果在笑。只要他能避免定居在大城市，他對大城市可沒有什麼惡感。理論上，他完全可以把自己的小船停泊在奧斯陸市中心購物區外的阿克爾碼頭（Aker Brygge）。然而，我努力嘗試也無法想像出這種畫面。

我們轉到一個更重要的話題。我倆都已讀到新聞：人們在挪威西岸地區與北部安德內斯海域，捕捉到體型超越現有記錄的巨型格陵蘭鯊。一個丹麥人——用魚竿——捕到一頭重達八百八十公斤的格陵蘭鯊。一個瑞典人竟能從一條獨木舟上，拉上一條重達五百六十公斤重的格陵蘭鯊！他向媒體表示：他從孩提時代，就一直夢想能親手抓到一條格陵蘭鯊。

「這有什麼特別的？」雨果問。

「那個丹麥人終於抓到格陵蘭鯊時，就開始哭泣，把這個體驗比喻成宗教性的啟示錄。他雇用配備水下攝影機的潛水員、小艇和直升機，把捕鯊全程記錄下來。好感動喔，不是嗎？」

雨果只是嗤之以鼻。對鯊魚抱有虔誠信念、富有的丹麥人，我和雨果都懶得花時間注意。此外，在斯塔萬格境內，其中一處水深較深的峽灣中，能捕上重達一千一百公斤左右的格陵蘭鯊。根據這些照片與我們對格陵蘭鯊解剖學的理解，我們強烈質疑這些報導的可信度。我們都不理解，說謊或毫無必要的炫耀，有什麼風趣可言？我們這些行家的雙眼，很快就識破這些說法的底細。

無論如何，網路上發布的影片顯示：格陵蘭鯊昏沉無力，幾乎是處在半昏睡狀態。對此我有一套新理論。由於從水中急速上升，牠的血液中充滿氮氣泡。牠可能飽受某種減壓症所苦。雨果對此強烈質疑。此外，他還表示：那兩個抓到「斯塔萬格睡鯊」的傢伙，根本就不知道自己在幹什麼。其中一人還跳下水去，和鯊魚一同游泳。

「一如我們所知，要是鯊魚突然發動攻擊，這就會是這笨蛋一生中最大的——也是最後一個——驚喜了，」雨果說。

他曾在電視上，看過格陵蘭鯊群在海底吞下大型鯨魚屍塊的情景。牠們又撕又咬，就像鱷魚一樣、翻滾著巨大、強有力的身體，直到屍塊裂解為止。我針對慣於潛伏在古巴海域的雪茄達摩鯊（sigarhaien），加了一條註腳。牠能突然從下方衝出，咬住海豚、鯨魚或鯊魚的脂肪，迫使其旋轉。直到有人將這幕景象拍成影片以前，學者們多年來始終納悶不已：那圓形、對稱的肌肉傷口，究竟是怎麼造成的。

雨果在網路上，找到指出格陵蘭鯊可能攻擊過人類的新資訊。一八五六年，加拿大東北海岸因萊特港（Pond Inlet）一條擱淺的格陵蘭鯊腸胃中，發現一條人腿。這條腿當然可能屬於某個溺斃的漁夫、乘客或船難的罹難者、自殺者，或是被謀殺者——是的，幾乎什麼都有可能——但是，我們對此一無所知。然而，在因紐特人的古老神話中，訴說著鯊魚如何攻擊獨木舟。

二〇〇三年，格陵蘭東部的孔米尤特（Kuummiut）地區，發生了一次格陵蘭鯊與人類之間奇妙的交會。冰島拖網漁船艾瑞克勞迪號（Eiríkur Rauði）的船員穿著防水衣站在淺水區，淺水區當時滿布魚類的腸臟、糞便與血污。突然間，站在甲板上的船長看到一條格陵蘭鯊正朝船員們游來。船長名叫西格諾．皮特遜（Sigurður Pétursson），因膽大無畏，得到「冰人」（Ismannen）的綽號。皮特遜衝入海中，一把抓住鯊魚再將牠拉上岸，用一把屠刀將鯊魚殺死。「冰人」事後表示，他是擔心鯊漁會攻擊船員。但是，這起事件應該被歸類為「人類對格陵蘭鯊的攻擊」[68]。

所以，我們姑且就這麼推斷吧：格陵蘭鯊其實並不怎麼挑食，假如有機會，牠完全能夠吞食人類。

接近傍晚時分，戶外的空氣冰冷而清新，使得一切景物有種放大感。一層白霜（jarfrost）覆蓋在冰上，我的祖父稱之為**麵粉**。天空呈深藍色，但西方的地平線、接近最下方的山巔處，色澤變換為黃色、紅色與紫色。最上層，日光相當微弱、幾乎無法目測，宛如遠處火苗的餘燼。

那是一道藍光；雪，看上去也是藍色的。

這道劇烈、卻又同時受到約束的冬季光芒，在雨果的畫中時常出現。他是畫風抽象、走海洋路線的黑暗派藝術家，從周遭環境中汲取大量靈感，還能根據觀者自己的眼睛，使這些靈感轉變為幾乎難以辨識、抑或非常熟識的物體。

我的晚餐是鱈魚舌搭配生鮮蔬菜，佐以雨果自製攙著酸奶油的可口咖哩。其中幾塊鱈魚舌，就像煎魚餅一樣大。嘴裡含著這塊舌頭的鱈魚，想必重達三十公斤。雨果住在斯沃爾維爾的祖母，一向用白醬來烹調鱈魚舌。他對祖母白醬煎鱈魚舌所留下的創傷性記憶，顯然還未消除。

晚餐時，我們聊到在整座史柯洛瓦島外海，持續進行中的羅浮敦群島鱈魚季。大西洋鱈（skreien）自巴倫支海南下以後，會率先經過塞尼亞島與韋斯特羅倫島外海。該地的漁民已經發布消息：他們捕獲了大量的大西洋鱈。現在，魚群已通過羅浮敦岬角，史柯洛瓦島外海所捕獲的魚，肉質之鮮美，世界上其他地區恐難比擬——這一點也不誇張。

大西洋鱈幾乎是以排隊的方式，進行產卵。漁船則是排隊等候，準備交貨給位於海浪另一端的艾林森海鮮加工廠。這些漁船都滿載著大西洋鱈，以至於在進入史柯洛瓦島的港口時，吃水線都緊貼著海平面。幾千條的大西洋鱈，早已懸掛在曬魚架上。大量的鱈魚肝，由艾林森海鮮加工廠轉移到艾斯約德漁產加工廠。雨果就用細網的手動網撈了一整桶的魚肝，準備用魚肝油來作畫。

在昔時的羅浮敦群島鱈魚季裡，整個峽灣裡滿是漁船、撒餌船、運鹽船以及渡船。人口數在短期內激增數倍，使史柯洛瓦島在幾個月內看來像座小城。自一九七〇年代起，越來越多的漁獲加工廠歇業，背後必有複雜的原因。是的，利潤確實降低了，甚至完全消失了；但是，過去的景氣也曾經蕭條過，但卻沒這麼多加工廠因而歇業。漁業的興衰，始終有其自然的週期性。一九七〇年代中有幾年的鱈魚季產量較少。鯡魚、大比目魚與金平鮋也遭到濫捕。工廠派遣的拖網漁船直接到巴倫支海捕鱈魚，導致所有的漁獲量——至少是拖網漁船的收穫量——劇減。情況看來，並沒有顯著改善。一九八〇年，堪稱悲慘的一年；包括史柯洛瓦島上的艾斯約德家族在內的許多人，都損失了大筆財產。

長期以來，置身於海上始終被視為是一項優勢；然而，現在這卻越來越像一種劣勢。想要進入、甚至掌握未來的人，必須能充分利用陸路的運輸網。史柯洛瓦島位於奧斯特法島（Austvågøy）外近十公里的海上，它永遠不可能成為公路運輸網的樞紐。挪威政府機關也想使漁民改變成農民或工廠工人。挪威南部的國家發展策略規劃師都不太喜歡漁民，認為他們「多餘、很不穩定」。主教愛文德．伯格拉夫（Eivind Berggrav）在一九三七年表示，他要致力使挪威北部的漁民「心智更加穩定」，這句話因而成為某種傳統。伯格拉夫還補充道：即使這個目標需要幾代人的時間才能實現，也在所不惜69。現在，史柯洛瓦島上已經沒有定居的漁民了。

有些聚落地點，在船運仍是交通動脈時，長期以來一直是沿岸船隻與其他海運運輸的中心點。然而，這個時代的精神似乎已經背叛了這些地點。區位更佳的中心，不斷地被規劃出來；它們位置更接近內陸，在過去房屋、聚落數不多的地點。它們之中，有許多位於峽灣深處，地勢較偏僻而孤寂。政府機關也希望能在海上與陸上，構成幾個規模較大的漁業營運點。

世界被重新劃分了。千年來，隨著自然資源豐沛度有所起伏、與自然季節更相配的近岸漁業，頓時被描述成是全國的負擔——落伍、不像中心地區鋼鐵業與工廠，採取能夠大量獲利、全天候的工人輪班制。關於拖網漁船的「浪漫主義」傳播開來，全新的魚片工廠廠房在特羅姆瑟、亨墨菲斯（Hammerfest）與博茨菲尤爾（Båtsfjord）等，少數幾個城鎮與小鎮建立起來。

在我來到史柯洛瓦島前數週，我就置身於西芬馬克那深具傳奇色彩的洛普哈維水道。漁民慣於從奧克斯福（Øksfjord）冰川取冰，而冰川則崩解流向冰川峽灣（Jøkelfjorden）。市政府的金色紋章上是一隻鸕鷀，他們的箴言是「充滿無限可能的大海」。

過去，漁獲加工中心在洛普郡（Loppa）的各個海角幾乎到處都是。沿岸的淺水區，漁獲量仍稱得上豐沛；但現在，整個郡內竟無一座漁獲加工中心。幾千年來，洛普郡的居民始終以漁獲為生。現在呢？他們早已失去取用海中資源的權利，別人在當地所創造的利潤，他們也分不到一杯羹。

雨果最近一次到巴塞隆納時，還走訪了當地漁市，看到許多不同類型的鱈魚，包括鹽漬鱈魚舌。這些漁產，全都來自冰島。

冬季時，RIB小艇泊置於岸上。無論如何，由於它在現實中是一艘橡皮艇，每當靠近魚鉤時就要停止移動，因而不是進行海釣的船。我們必須使用一艘小型、開放式的十四英尺塑膠小艇。不過，這艘小艇也是從秋天起，就擱置於岸上。這艘小艇——或者應該說是我們——有一個問題要解決。而且，這還不是小問題。這艘小艇的艇身有一個漏洞，導致本應充滿氣體與浮力的管狀船體現已充滿雨水。在嚴寒中，這些雨水很不幸地依循物理定律，凝結成堅硬的冰塊。

「這艘小艇的保修狀態真是不怎麼樣，」雨果說道；我則平心靜氣地想著，這艘艇的規格本已過小，而我們竟要搭乘它，一闖羅浮敦群島的海域。現在，它毫無浮力可言，我不喜歡這種念頭。冰塊總是會融化的；但戶外溫度仍在攝氏零度以下，海上溫度也僅高於攝氏零度數度，指望冰塊融化，得要花上幾天。不過我們同意，假如天候與海象能保持如此平靜，我們就嘗試一次。

「如果小艇的狀態不足以出海，我們就打道回府。」

我點點頭，但卻一語不發。

22

隔天早上，我被電話鈴聲喚醒。來電者，是我兩個月前在特羅姆瑟一家水族館內，遇到的一位年事已高的先生。他剛成為這家水族館的館長。當時我無意間提到，我對格陵蘭鯊饒富興趣，試著與一位朋友一同捕捉鯊魚。我和這名男子交換了電話號碼。現在，他打電話來，要告訴我關於捕捉格陵蘭鯊的訣竅。結果是，他的兩個兄弟早在一九五〇年代，就曾在北冰洋海域獵捕過格陵蘭鯊。其中一人提供下列建議：把腐爛的鯡魚裝在精細的網狀袋裡，例如裝柳橙的袋子裡，然後把魚鉤扎入鯡魚塊中。這男子還說，假如我們真捕到鯊魚，請務必打電話告訴他。他祝我們好運。

雨果不喜歡讓外界知道我們的計畫。他相信，要是我們沒成功，人們會對我們不屑一顧。這完全有可能。當外人從幾千公里以外的地方打電話過來、問我們情況如何，我們的行動就失去隱祕性了。

在外圍，史柯洛瓦島被粉狀的雪片覆蓋住，宛若水晶的冰塊在微弱的日光中閃爍，使視覺神經震動起來。雪片像這樣密集地散布在島上，是很罕見的。這些積雪通常會被風吹散，或隨著挾帶降雨的低壓到來，而被融解。

世界上，沒有任何為明信片取景的攝影師，能夠抗拒眼前這幕情景。就連小孩子，都能本能地感受到這其中的意境。當他們要用畫筆描繪這個世界時，他們會用明亮的色彩，以簡單的線條來描畫山岳的輪廓。或是潦草地畫出青綠的草地、一塊藍色大海，並以一、兩間舊式房屋作結。挪威的所有孩子不用被提出要求，也都會自覺地坐下來，開始畫出羅浮敦峽灣。

我們搭乘十四英尺小艇，從史柯洛瓦島的背面啟航。史柯洛瓦島周遭的浪潮，通過一條連接里雄門島與史柯洛瓦列島中最大島之間的小運河，自兩側流入。我們身上帶著一瓶可以平分的飲用水，兩條補充能量的巧克力，一人一把魚鉤，以及出發當天的《羅浮敦郵報》（*Lofotposten*）。報上寫著一條重達四十四公斤的「咖啡鱈」（kaffetorsk），前一天在雷納外海被捕獲。咖啡鱈是指任何體重超過三十公斤以上的鱈魚。名稱源自於一九七〇年代以來，假如能捕到一條重達三十公斤的鱈魚，《羅浮敦郵報》就會頒發一公斤重的咖啡，並刊於報紙上以示獎勵。今天的報紙也報導了今年的鱈魚年度遊行（斯沃爾維爾的孩童裝扮成大西洋鱈，在街上遊行）。

海面並不平靜。我們在來到外側以前，就已經知道這一點，但情況也並沒有那樣惡劣。十四英尺小艇的吃水極深，而我們都深知箇中原因：這艘小艇，本身簡直就是個冷凍庫。裡面的冰塊，鐵定是兩千杯飲用水的分量。我們難道真要搭乘這艘小艇，一闖羅浮敦群島海域嗎？

就連太陽看來也相當淒冷。海鷗沉靜不已；白雪閃閃發亮。對前一天才從大城市前來此地的我而言，這幕生氣蓬勃的清爽景象，還有那壯闊的地平線，無疑喚醒了靈魂。然而這天，海上彷彿也有使我感到憂慮、不安的事物。那銀白、皮革般平滑的表面背後……究竟隱藏著什麼？感覺就像是在凝望著一雙玻璃眼睛。

雨果發現離挪威西岸峽灣一段距離外，有一小群配置馬達的漁船。他將航向正對它們。它們設有聲納測深儀，而它們的下方鐵定滿是大西洋鱈在游動。我喜歡這個計畫，不管怎麼說，有人能在必要時搜救、照護我們，總是比較妥當。幸運的是，海浪並不猛烈，僅有的長浪也不至於對我們這艘沉重、慵懶的小艇構成太大的考驗。

一刻鐘後，三十馬力的外置馬達便將我們緩緩地帶入漁場之中。我們與這些機動漁船保持一段適當距離，但這距離足以讓我們見到拉上甲板的紗線網，裝滿了體型龐大的成年大西洋鱈。

現在，我們只須把附有橡膠條的魚線抛出，這些橡膠條在把魚鉤隱藏起來方面表現不如理想。大西洋鱈出沒於四十公尺以下的水深處，只要魚鉤一到達該水深，就可以將獵物往上拖、一網打盡了。大西洋鱈特定出沒在該深度的原因，在於溫度。牠們喜歡深處的溫水帶，以及較接近表面的冷水層之間的邊界區。我們先前提過的海洋學家喬治・歐錫安・沙斯，率先發現此一特性。喬治・歐錫安・沙斯在一八六四年親至羅浮敦群島，考察大西洋鱈的生理結構。他以史柯洛瓦島為基地，由島上居民載著他，以划艇在挪威西岸峽灣進行研究活動。史柯洛瓦島上，有著一個相當隱蔽的小公園，這個公園很容易會被誤認成是某個住宅附設的草坪。然而，那兒豎立了一塊紀念碑。這是一九六六年，海洋研究院（Havforskningsinstituttet）與漁業部（Fiskeridepartementet）為了紀念喬治・歐錫安・沙斯而設置的。紀念碑上寫道：他「闡明鱈魚的生理結構中最重要的特徵」。

在產卵期的部分期間內，大西洋鱈的食量很少，甚至完全不進食。漁民這時就會戲稱：牠們呆站在那兒，正在「愁眉苦臉」。我們幾乎沒注意到這一點。我們拖上來的大西洋鱈，多半介於十五到二十公斤之間，其中一條接近三十公斤。許多魚被魚鉤勾到了嘴角外側、眼睛與身體側面。牠們必須被橫向拉起，得費一番工夫才能把牠們拉上水面。

我們很難忽略：大海與船舷的距離，其實嚴格地說比我們所希望的要短。在我們隱入波谷以前，機動漁船上的船員突然看到我們在長浪頂上，也覺得十分驚訝。有幾個人邊喊邊揮手，我們也揮手回應。也許，他們覺得我們遭到海難了。不過，實情並非如此。至少，根據我們自己的定義，情況並非如此。我們專心將大西洋鱈拖上船，下方魚群的分布可密集得很呢。

假如小艇體積過小、缺乏浮力，而又添加了數百公斤的額外重量，遇此情況，就真需要特殊技能，才能將漁獲打包、拖曳到陸地上。而我們正好缺乏這些特殊技能。一艘即將沉沒的船，可是無法持續下去的。

大西洋鱈的魚身，因魚精與魚卵而變得彎曲。雄魚與雌魚就在下方五十到兩百公尺的海深處，緊貼著彼此的身體游泳，雄魚採側泳姿勢。雄魚與雌魚同步般送出魚精與魚卵，而大西洋鱈則藉由尾巴擺盪，使兩者結合在一起，使卵子受精。我們所拉上來的大西洋鱈，體內仍充滿著精子與卵子，換句話說，牠們還沒進行受精與交配。牠們很快就會進行這一步，然後在羅浮敦群島的海床上，產下數百**兆**個（注意，不止是數十億個）鱈魚卵。

每條雌性鱈魚能夠產下多達一千萬個卵，但海中的生活充滿危險，可能會出現很多問題。最初的一段期間，鱈魚的幼魚僅能靠自己的胃囊維生。到處飄浮的魚卵，可能被外力破壞，或被其他生物吃掉。當魚卵在數週後孵化時，大多數的幼魚又會再度面臨同樣的命運。牠們試圖掠食浮游生物——先從浮游植物（fytoplankton）開始，然後是浮游動物（dyreplankton）與磷蝦（krill）。當牠們滿四週大時，這些小而透明的幼魚就會離開表層水面。從那時起，牠們會開始努力在海底生存，會隨著墨西哥灣暖流，向北朝巴倫支海游動。

生命週期的頭一年，是最危險的，過了這段期間，鱈魚的天敵就不多了[70]。活到七歲的鱈魚，就有能力通過慢長的旅程，回到羅浮敦群島海域產卵。在一條雌鱈魚所產的數百萬個卵當中，至少要有兩個最終能長成，才能確保族群的永續與穩定性。但是，為什麼今年會是豐收的旺季、數以千萬計的大西洋鱈就在我們下方游動呢？沒有人能給出一個確切的答案。

大多數人都知道：全世界最大量、豐沛的鱈魚品種，產卵地點就在羅浮敦峽灣以及韋斯特羅倫外海。然而，同一塊海域對冬季產卵的大比目魚以及春季產卵的鯡魚而言，也是無比的重要。此外，該地的金平鮋、黑鱈、黑線鱈、狼魚與鮟鱇（breiflabb）產量也相當豐沛。傳統上，就像挪威其他地區海域一樣，羅浮敦地區也是數百萬計海鳥的棲息地。但是，許多物種的產量之低，現已到了警戒線的程度了。原因是複雜而多重的，但是，其中一個主因或許是海鳥嗜食的許多魚種，包括玉筋魚（tobis）、毛鱗魚（lodde）、藍鱈（kolmule）與挪威長臀鱈（øyepål），均遭到濫捕。牠們並不供我們食用，而是成為養殖鮭魚（oppdrettslaks）的飼料了。

鱈魚和石油公司，其實都喜歡同一個東西：浮游生物。鱈魚在海裡直接吞食浮游生物；而石油公司卻希望牠們經過兩億年的歷史，變形成一種膠黏狀、黑色的物質。過去的挪威需要鱈魚、鱈魚肝油與鯡魚油；現在的挪威，則需要這種黑色物質。昔時，漁夫將油灑在海面上，試著讓波浪裂解，以便將沉船上的船員營救到另一艘船上。現在，工業拖網漁船則把魚隻撒落在海上，全球生機最豐沛的魚類產卵海域，受到原油污染的威脅。假如進行一場**爆破**作業，羅浮敦峽灣岩壁就會變成挪威最大的攔油索。哪怕是最微小的漏油量，都足以置幼魚與魚卵於死地。

要是坦尚尼亞在塞倫蓋蒂（Serengeti）國家公園開鑿石油，以挪威為首的國際社會一定會高聲抗議。我們認為這種行為是「野蠻」的，也許還會給他們十億元，要他們停止採油工程。挪威已經撥款數十億元，以拯救位於巴西、厄瓜多、印尼、剛果與其他熱帶地區的雨林。其實，在海面下，我們自己就有一座獨一無二的塞倫蓋提國家公園。結果，可能是全球最富有的國家還要在那裡大肆開採石油。

梅爾維爾的地下礦工還在持續開挖。

就在我們航行、持續將大西洋鱈拉上船的同時，我告訴雨果：一九六〇年代，前蘇聯的海洋生物學家研發出一種假說，認為抹香鯨將自己巨大的發聲器官作為武器，可被視為「聲波雷射」或「超聲波射彈」。密集、精準的聲波，讓牠能夠癱瘓烏賊與其他獵物。美國科學家追蹤相關研究，希望能將其用於軍事目的。

就像格陵蘭鯊一樣，抹香鯨能夠捕捉游速快得多的獵物（烏賊的游速，可維持在每小時五十公里），還常能在完全幽暗的深海辦到這一點。但是，迄今尚無人觀察到抹香鯨的行動。在千禧年前後，丹麥的鯨魚研究員在韋斯特羅倫群島的安島（Andøya）外海，調查了這項假說。他們藉由先進的水聽器發現：抹香鯨發出的喀喀聲相當集中，並能夠從相當遠的距離指向特定目標[71]。

在世界各大洋充斥各種機器與推進器聲波干擾以前，鯨魚能夠在近一千公里的距離外，就聽見彼此的存在。

在挪威最北端的安德內斯外海、韋斯特羅倫與羅浮敦，以及其他許多位置更北的地區，近年來傳出許多地震波。活躍的安島漁民表示：這就是整座挪威西岸峽灣——是的，整個區域——滿是鯖魚的原因。震波使小鬚鯨、長肢領航鯨、虎鯨與其他鯖魚的獵食者退避三舍。

近海漁民、自然保育家與鯨魚研究員擔憂：這種爆破性聲波會對鯨魚，可能還有幼魚／魚卵構成傷害，甚至置其於死地。他們指出：在發射聲波海域出沒的鯨魚，行為都相當反常。可能的解釋是：牠們的耳朵已經被毀掉了。對鯨魚而言，放射出的聲波想必宛如音波式的地毯式轟炸。無論如何，這種聲波需要能穿透數層位於海底的岩壁72。

雨果搖頭晃腦起來，彷彿是想表示：他已經活了這麼久，這種事情對他不足為奇。他也讀過新聞：二十六頭已死的長肢領航鯨被沖上位於挪威北特倫德拉格（Nord-Trøndelag）地區的維克納市（Vikna），而當地外海正在進行聲波發射作業。

我想到最近剛讀過的另一則消息。一位美國科學家在一九五〇年代指出：全球（或者說，美國）將因北極海冰層消失，而獲益良多。全球運輸更加便利，人類也更能開採、利用極地的原物料。這位名叫哈利．魏克斯勒（Harry Wexler）的科學家表示：人類或可在北極冰層下引爆氫彈，或許只需十顆各重一千萬噸的氫彈即可。這將能產生足夠的蒸氣量，將整個北極像膠囊般，裝進一個厚重的覆蓋層內。如此一來，冰層就不再能反射日光，熱能被捕捉後，就能導致溫室效應，讓剩餘的冰層就此融解。

這時，雨果盯著我瞧，彷彿覺得我在瞎掰。

23

在瞬息萬變的海上，一切閃閃發亮。我們現在已經操作得相當熟練，從水柱中再次拉上一條活蹦亂跳的大型掠食性魚類。我們用魚叉拍擊牠的頭部，把牠抬上十四英尺小艇，而後將刀刃快速割入被老一輩人稱為**咽喉**（kverken）的部位。

漁舟停泊在整個羅浮敦海域，全數被拖上漁船的魚隻，多年來或許曾經並行游過數千公里的距離——這回則是從巴倫支海東北部，一路游進了羅浮敦海域。現在的重點在於產卵季節，而這時候的大西洋鱈是幾乎不進食的。不過，只要體積微小、惱人的獵物經過牠的鼻尖，像是一條布滿魚鉤的橡皮筋，牠還是會一口咬下的。大西洋鱈是沒有學習能力的，不過牠總還有神經系統。忽然之間被一條宛如隱形的繩線，將牠向上拉至有光線處時，牠必定受到不少驚嚇。從五十或六十公尺的深度一路被拉上水面，如此牠就遠離了魚群中的其他魚隻（嗯，其他魚會發現牠消失了嗎？）。當然了，牠會竭盡一切能力反抗，或許還能成功掙脫（牠會感覺解脫嗎？）。絕大多數的魚隻，頭部會遭到鉤竿敲擊後被拉上船舷，而船上早已堆滿其他許多命運相同的魚類（牠們是否有生物或本能性的理解，感覺自己死期將近？還是，只有高等動物才有這樣的理解力？）。

先是一條，然後再一條。每次的感覺都非常好，而這正是問題所在。在我們下方游動的大西洋鱈魚數量，是非常可觀的；我們船上所堆積的大西洋鱈，數量也越來越龐大了。

雨果告訴我：昔時，富蛋白質的鱈魚卵與魚精，若無法用於製造魚子醬，會被用來餵食乳牛。他也提到：日本人和羅浮敦群島海域居民會把魚精當成雞尾酒或餐前／餐後酒（krøll，意思是「蜷曲物」）飲用。雨果被自己講述的故事弄得噁心想吐；不過，他還沒到真正會嘔吐出來的程度。

一如往常，海面的一切瞬息萬變。在我們開始捕魚之際，浪潮的節奏平穩而規律，宛如某個沉睡中龐然大物的呼吸。而現在間歇性地湧起波浪，波濤越來越起伏不定、越加洶湧。小漁舟的尾端朝向海面，一個大浪越過船舷，浪花濺入船身。海象似將出現變化。外海處盤旋著幾個黑斑。在其他地方，陽光呈垂直的光軸穿越層層天幕，光線時隱時現；天氣，則在近旁變化萬千，宛如卡通劇或歌劇舞台會出現的情景。我們眼前所見的，是一幕未曾出現過的景象。

我不知道雨果是否察覺了這一點。不過，我倆這麼多年來共同出海，我第一次感到不安。我們常用的 RIB 小艇和十四英尺小艇相反，實際上是不會沉沒的。應該說，不會完全沉沒。假如所有浮筒都灌滿氣，船殼就能藉著浮筒，或多或少保持浮動狀態。

一般而言，雨果對大海極為熟悉，對於我們行經的這塊水域，更是瞭若指掌。出海時最詭異、不可思議的狀況，他都遭遇過。但也正是因為如此，我現在才會想：是否會因為過去他總能「化險為夷」，使他變得有點粗心大意？其中一次出差錯，總不無可能。也許這次會遇上十分壞的結局——就是這一次，我們會成為別人口中的故事。

在北歐神話中，瀾（Rån 或 Ran）是海底女神。她以自己的網捕捉——不，應該說是**搶劫**——落水而即將溺斃的海員，把他們帶到自己位於深海的王國。瀾和主管風與火的埃吉爾（*Ægir*）是夫妻。兩人生下的九名女兒，構成大海的九種波浪，不同的波浪類型還配有不同的名字。埃吉爾的頭部冠著海藻，他主宰著大海。古北歐詩歌講述：有一艘船遭難沉沒，消失在埃吉爾的下頷處，而瀾則將船員帶往自己海底下的宮殿。埃吉爾還主管風暴的興起與平靜。他用巴德爾（Balder）的血釀造象徵生機的蜂蜜酒，他的高腳杯還會自動斟滿。埃吉爾，是繁榮與富裕的象徵。這不只是因為他掌握無限量的蜂蜜酒，也不是因為他和瀾都住在黃金宮殿理；這種奢華，只是某種事物的外在表象。兩人取之不盡、用之不竭的富裕，真正來源在於：大海。

要是在昔時，我們所搭乘的小艇一定會被人們謔稱為「移動式棺材」。至少，我們總有穿救生衣——不過也只是某種程度上。我偶然問起雨果我們的穿著時，他一邊強調我們身上所穿的，算不上是什麼**救生衣**，一邊將椰子巧克力塞進嘴裡。他每次出海，必定會帶上椰子巧克力與榛果，它們是必備的營養補給品。他動胃部手術失敗，留下的後遺症之一是，有時他會突然全身無力。這時，他會失去一切精力，並且真的疲軟到「站不住腳」。這其實只發生過寥寥幾次，但時機都糟透了。最近一次，是他在天使島上屋舍後方的樹叢中追獵野兔時。他緩緩地、一蹶一蹶地走回家，沿著草坪踏上露台，來福槍還半拖在身後。他身上不斷冒汗，根本無法言語；但梅特感覺到他必須吃點食物。廚房裡正好還有一整桶的鯡魚，就在十分鐘以後，雨果吃下了八條煙燻鯡魚烤麵包。

有時救生衣甚至沒發生作用。數年前，一名男子被沖進斯沃爾維爾的海床裡。經證實他是一名來自梅爾比（Melbu）的漁民，失蹤已有一段時日。依據不同季節所配合的穿著，加上救生裝束應能使人存活一段長時間。這讓我好奇，當小漁舟即將沉沒，這名遇難男子穿上救生衣時，他究竟在想什麼？他很有可能認為一切應該正常運作，但結果沒有。可能是因為他的手指過於冰冷，他竟沒能將拉鍊的最後幾公分拉上。結果呢？水迅速湧入，這名男子旋即淪為波臣。

生與死的差距，就在一線間。大約就在同時，一名六十六歲的漁民乘船在外海，但漁船的馬達卻熄火。船錨又無法固定，海流猛將小船往礁石的方向沖去。這位漁民沒有救生裝，只有一般的衣服與一件充氣式救生背心。但是，就在他落水以前，他竭盡所能用手機撥打了救難專線（一一三）。他來得及說明自己遭遇海難，並描述大約的位置。當時，小漁舟已非常接近礁石，即將被撞成碎片。這名漁夫只能跳進冰冷的海水，那時風勢非常強烈，氣溫是零下十度，天色昏暗。但他奮力爬上一個濕滑的礁石，在波浪反覆衝擊數次後，終於將身子固定。二十分鐘後，一架由三三〇空軍中隊派出的海王子（Sea King）救難直升機終於抵達。他們藉由探照燈找到了這位漁民，用鐵環將一名救難人員降到他所在的位置。那時，他的手指已完全失去感覺，全身其他各處也已開始凍僵。

就在我抵達史柯洛瓦島的一週前，一名稍有年紀的男子被人發現溺斃於小島東部的內灣，他那空蕩蕩的休閒用小艇則在旁邊團團轉。他乘船到水上釣魚，卻從船上掉入水中，原因不明。

捕魚是全挪威最危險的行業。自從金髮哈拉爾（Harald Hårfagre，約八五〇—九三三）國王統一挪威以來，羅浮敦鱈魚季就是年年持續不斷的傳統，但卻沒人知道，鱈魚季在歷史上究竟造成多少漁民溺斃。一八四九年的羅浮敦鱈魚季期間的某一天，海域遭到風暴肆虐，總共有超過五百名漁民罹難。數千人失去了自己的父親、丈夫與家庭生計的來源。

翻開羅浮敦群島年鑑（Lofotoppsynets annaler）一八八七至九六年的內容，我們會發現：有兩百四十名漁民死於「船隻傾覆」。根據記錄，船隻傾覆最重要的原因在於：船隻遭到碎浪淹沒或傾覆[73]。難以計數的漁民，就這樣在挪威西岸峽灣溺斃。事故原因的組成，簡直就像數學公式：船隻超載＋大浪＋冰冷的海水＝滅頂。

「我在想，這麼多年來到底總共有多少漁民在羅浮敦鱈魚季期間淹死。五千？兩萬？」

雨果沉思片刻後，才答話：

「誰知道——或許會有一條格陵蘭鯊衝來，把其中一些載浮載沉的人吃掉？」

我再次提醒自己，只要海上還有其他船在周圍，我們就會安全。

「你說呢？看起來我們收穫算不少。你覺得呢？」雨果問道。

整條船上一半的空間都塞滿了大西洋鱈。我們在船上移動時，都必須跨過成堆的魚。

「你確定？」我反諷地問著，一邊用一個由雨果所選定的老舊油漆桶，將鱈魚的血與水舀入海中。

「我們要把魚餌線拉上來了，」雨果說。

我察看一下手機。手機的電量幾乎耗盡，但電池鐵定還能再撐上一小時。我的手指仍然冰冷，雖然今天不像前幾天那樣達到零下十五度的低溫，天氣還是寒冷的。由於我脫掉手套，給大西洋鱈放血，我的手因而黏滑，髒污不堪。手機就像一塊滑不溜丟的肥皂脫手而出，滑進血水裡。不過，好在它沒掉進水深至少八十公尺的海中。雨果也檢查了自己的手機，還剩一點電力。

波浪的高度，已較我們出海時為高，這一點，是毫無疑問的。那澄澈、朝氣蓬勃的天空，正在逐漸變化。雨果瞭望一下那開闊的海面，神情有點恍惚、甚至僵呆了。那種感覺，宛如一層簾幕被拉開，厚重的雪茄煙氣朝我們直撲而來。雨果發動外置馬達，向著史柯洛瓦島航行。

「要下雪了，」他邊說邊稍微加大馬力。馬達咳嗽一下，隨即進入更高的轉速。小艇此時是如此沉重，我們幾乎察覺不到自己正在向前行進。

不到幾分鐘，第一波潮濕、厚重的雪片就落在我們身上。我們此時離開峽灣還有一段可觀的距離，身陷所謂的「曲速引擎」（rennedrev）之中。

給予我們安全感、我們所習慣的定位點——史柯洛瓦島以及其周邊諸島——迅速變得模糊不清。現在，史柯洛瓦島燈塔起不了多少作用。整個世界變成一片黑白。雪颱使天色變得昏暗，船的周遭宛如被一個袋子包圍著。

「這沒什麼**特別**，」雨果說著，邊使用自己獨特的措詞，邊強調最後兩個字。然後，他繼續在能見度不佳的狀態下駕船前行。他知道假如我們偏離航道，我們還要再行駛一段距離，才會開始接近滿布礁群與淺灘、水質不潔的水域。我們的航向，目的地是史柯洛瓦島的後部。那裡淺灘之間的地方對環境不熟的人來說相當兇險——在挪威這種地方叫作「靴子海」（støvelhavet，因為淺灘水不深，你穿上靴子後便不會弄濕）。

一時之間，能見度下降到零。但在下一刻，我們彷彿又能瞥見其中一座島嶼。但是，是哪一座島嶼？透過每個我們能看到的裂縫去看，感覺上它們好像開始移動，在轉瞬間變換形狀與位置。我覺得自己似乎瞥見了小摩拉島，還是史柯洛瓦島的頂部？現在，我在同一個方向上所望見的，很像是一座小島，但我對它卻毫無印象。整個世界不斷變動著，比例產生錯置，彷彿是從老舊玻璃窗中所望見的景象。如果用圖像來表現荷白克

（Schönberg）的音樂，我們眼前的情景就猶如對位法了。

小艇的負擔過重，就像一根被冰雪覆蓋、即將碎裂開來的樹枝。每個人有一天終歸會死，不過，那些海上的失蹤者可是突然間永遠消失，再也沒人見過他們。**就這樣沉入海底**。大多數人想到這一點，都會驚恐不已。很久以前，我有一位朋友（或者說一位熟人）在一艘拖網漁船下沉時，腳部被繩索絆住。他沒能生還，這已是三十年前的舊事，但我仍然會想到他。是的，我的高曾祖父確實葬身大海，然而這可不是什麼我們所堅持的「家族傳統」。

那深沉、富有鹽味、漆黑的大海朝我們翻滾而來，冰冷而無情，毫無同理心可言。它，本就如此疏離、忠於自我。這就是海洋日復一日所養成的面貌。它根本不需要我們，它完全無視我們的恐懼或希望——對我們的故事，更完全不屑一顧。大海的漆黑，是一股絕對優越的力量。許多人曾經歷過這種場面，我們那過度自負的祖先，或曾駕著經過鑿挖樹幹製成的小船出海，以槳板划行在死氣沉沉的大浪上，遺憾地他們離岸過遠，波浪的力道遠強過手臂與船槳——惡劣的天候，也可能讓他們錯愕不已。每個人或多或少都有過這樣的感覺：在一個冷顫後驚覺，大海還真是無情，毫無記憶力可言。被吸入其中的一切，就此永遠消失，成為魚類與蟹類、環節動物（børstemark）、扁形動物（perrål）、盲鰻（slimål）、扁形動物門（flatorm），以及其他在深海的寄生蟲。就此沉入永恆的懷抱中，被永遠吞噬。

那時，上帝決心懲罰約拿，派出一條大魚要吞噬他。就在大海從四面八方包圍他之際，約拿高聲喊叫著，請求上帝寬恕。他身陷大鯨魚的魚腹中，海水已經浸沒到他的脖子，海草纏繞住他的頭。然而，上帝只是希望他學到教訓，祂命令大鯨魚把他從死神的國度帶回，將他重新吐回陸地上。這樣強烈的恐懼感，使約拿日後成為上帝最虔誠的信徒。可蘭經裡亦提到吞噬掉約拿的大鯨魚，是將來能夠進入天堂的十種動物之一[74]，就連伊斯蘭教徒也因此對鯨魚十分尊崇。

該死，去他的重力風！我想過去漁民所駕的船隻不比我們的大，也不比較耐用，他們一定常常碰到這種情況。他們使用風帆，卻總是能掌握各種狀況，就如那些駕輕就熟、堅韌的老前輩。哦，等一下：他們很顯然並沒有「駕輕就熟」。在那年代，幾乎就在每個相同的季節，就在同一片海域，每年有數以百計的漁民溺斃。他們在那首關於史柯洛瓦島的歌謠裡，又是怎麼唱的呢？大海無比寬容，敞開自己無垠的寶庫。「但是，它突然轉為盛怒／它所給的，必要加倍奉還／哦，剩餘的也許僅是／幾片屬於船隻的殘骸／大海，能給亦能收／船員身躺海草圍繞、潮濕的墓中」[75]。

我偷瞄了雨果幾下。他看來並不擔憂。換個角度來看……他出海時，我又可曾見過他面帶擔憂之色呢？至少他不是還聽著耳機。假如海潮錯位，造成波浪，和另一股浪合而為一，形成兩倍大、被漁民稱為**瘋浪**（brækkar）的碎浪，我們又該怎麼辦？

船底堆滿了大西洋鱈，牠們的鰓——雨果稱之為**噴氣鱈腮**（toknan）——還在一鼓一鼓地拍動。牠們使用我們老祖宗最初離水生活時，同樣的肌肉與神經系統。數億年後，這賦予我們說話的能力。魚類會產生我們所無法聽見的聲音，牠們只和同類溝通交流。

海水就在我們下方的黑暗中自由流動，流經沙底與平滑的岩石。海底的海星（sjøstjernene）則穩若磐石。牠們那手指狀的吸盤，在兩端來回漂動、搖擺著，宛如在風中搖曳的高草。大比目魚的平衡感較好，平靜地游向深水處。牠在水底將一層沙蓋在自己身上，彷彿把那層沙作為睡衣使用，安靜地躺下來。鱈魚、黑鱈、青鱈、黑線鱈、鯡魚與鯖魚的幼魚，都試圖在不安的水草間保持平衡。格陵蘭鯊在黑暗中，處於半盲狀態，牠置身的位置相當深，這使牠幾乎察覺不到海水表面發生了什麼事。

雨果放慢船速，要我擔任瞭望。只要我們什麼都沒看見，而小船又被強烈的灣流所帶動，我們就面臨著問題。在史柯洛瓦島周遭的航道上（尤其是朝海的一邊），淺灘和銳利的暗礁是如此眾多，你得弄清楚自己確實的位置。對此，雨果當然心知肚明。但大海對他與對我所代表的意義，是不大一樣的。他能更仔細地從景觀的變化中，解讀出種種蛛絲馬跡。就算他看不到陸地，大海對他而言，也不是單調、毫無自身特色元素，而是具有可辨識的特質。在海上的每個位置，對他而言就如每個陸上的景觀——某個**地方**，有著獨特的洋流，特定的海床狀態，各種淺水區與其他顯著的特徵——前提是，你必須掌握知識才能觀察出來。所有老漁夫，在這方面都是箇中高手。雨果的出海經驗豐富，他在這方面的特質與觀察力堪稱爐火純青。

我們之間極少交談，但是他三不五時就會問問我的想法。現在，我們在遠方瞥見的，是不是小摩拉島？海水與陸地，似乎一直在變換位置。在這種情況下，他最主要還是相信自己，因此他完全只是象徵性地探詢我的看法而已。而我也信賴他，我幾無方向感可言，能幫得上忙的，只有擔任瞭望，以及一旦看到前方出現物體時，出聲提醒。降雪最密集的時候，雪花使人難以睜開眼睛。然而，我仍從狹小的開孔中，望見前方一、兩條狹長的船身。雪片構成一道黑幕，將一切事物的輪廓都抹去，嚴重影響能見度。風勢越來越強，使得波浪也越來越猛烈，我所擔心的，不是撞上陸地，而是我們不能及時回到岸上。風勢對海洋影響之迅速，永遠令我嘆為觀止。

十四英尺小艇感覺上比以往都要來得渺小，海面則是大得出奇。小艇、雨果和我都清醒得很，但大海已經醉了。我屈身探向船舷，俯視著下方深淵，已經不知是第幾次了？現在，深淵竟回望著我。史柯洛瓦島當地的民謠裡，有一兩句歌詞描述這種感覺：「風暴與海浪，力量狂暴／而人子們僅是一顆種籽」。

這是雨果唯一一次竟沒帶上繩索或鉤錨。它們都留在 RIB 小艇上了。我問雨果，油槽裡是否還有機油。他皺了皺鼻子，檢查一下，點了點頭。這時，雨果顯得異常沉默；他非常警覺且敏銳，彷彿他剛接到一通匿名電話，不知道要不要慎重看待。

我坐在船艄處，被噴起的海水濺了一身，我因此往船中央的座位移動。我的動作，使小艇上的重力平衡發生了變化。雨果一如往常，坐在船艉處，控制外置馬達。它的重量與規格，其實超過小艇按海事規範能配置的，這使得船身的重力配置，一開始就出錯。就在我移動身體之際，一波大浪就從後方襲來。裝著魚的袋子在小艇後端撒開，海水則由船艉處滲入。雨果將腳伸進其中一個袋子裡，使盡全力一踢，整個人飛撲過去。如此可觀的重量，竟集中在錯誤的位置上；只要一眨眼工夫，船身就會浸滿水，沉到海底的。

我溜回船艄處。這次，只是要回到我該待著的位置上。

現在還是年初，天色很快就開始暗了。雲由上而下覆蓋著，眼看天色已經暗了一半。風勢與黑暗宛如一對盟友，緩緩降臨到我們身上，還有那呈暗藍色、在小島周邊磨動的海水，以及我們很快就會接近的水下暗礁。厚重而濕的雪花開始凝固，它們來自的地方，想必是更加寒冷。

划吧，划吧，到魚礁處吧！那裡有許多魚在等著我們哪……不過，現在天氣有點惡劣，我們可能會先觸礁。十四英尺小艇像一頭公園裡的旋轉木馬般上下跳動著。在那不斷下沉的深海中，將我們帶往深海的垂直位移裡，它顯得非常清晰。它在我們的前方、上方，甚至就在我們身上。不過，它最主要還是潛在我們下方。它就在各種古怪魚類所棲息的、漆黑的海底。

「所以，藉由從天而降的一線光束／在喜樂與希望中，找到通往史柯洛瓦島的路。」

突然間，這層簾幕被使勁一拉，掀了開來。我們看見了求之若渴的周遭景觀。在我們前方數公里處，左舷側，被雪覆蓋住的島嶼，島上那參差不齊、由花崗岩所構成的頂峰，宛如某種幻影，映入我們眼簾。雨果馬上就確認了我們的位置。我們往西行的幅度，遠遠超過我們的想像，風勢與海潮的來向，導致了這樣的結果。假如我們繼續這樣浮在水上，再晃蕩一個小時，我們就會進入亨寧斯韋爾島一帶的陌生水域，甚至更西邊、遠離史柯洛瓦島的區域。

現在，一切回復往常。我們一邊緩慢前進，一邊啃著巧克力，還灌了兩口水。這種場合，不需要多費唇舌評論。因此，我們都一語不發。二十分鐘以後，我們就從與出發時相反的方向，回到史柯洛瓦港。這時十四英尺小艇上仍然裝滿了大西洋鱈。但船身仍能保持在水面上，所以我們不需扔掉任何漁獲。我們回到陸上談到這件事時，都沒把它當成是什麼戲劇性的經驗。也許，它一點都不戲劇性。實際上，一切都按照計畫進行。我們回來了。而這還是一趟我不想錯過的旅程。

如果你剛從羅浮敦海域回來，就不能只是將船靠上碼頭，停入泊位，還有另一半的工作在等著。現在，我們必須處理捕到的漁獲。我們在碼頭上搭建了切割台，很快地魚的內臟就撒落在碼頭上。雨果取下魚隻的舌頭，動作相當快，效率就像日本人一樣好。

製作鱈魚乾的方法是：將魚的脊椎骨除掉，把魚切成一半，以魚鰭向上的方式將魚懸掛在圓杆上，而魚柳垂於兩側。這種蝶式做法是最費時的，但製成的魚肉也最美味。也有些人只把內臟去掉懸掛整隻的，但如此一來，魚的腹部恐怕會封起來。奧盧斯．馬格努斯就已經提過由蝶式做法獲得的魚乾價值最高，用來製作最美味的菜餚[76]。

在雨果負責切割的同時，我的任務是將一條細線綁在魚鰭上，使魚隻不至於因自身重量，從尾部裂開。此外，肝臟、魚卵、舌頭，也是需要處理的部位。我們將魚卵裝在一個桶子裡，再一層層地敷上鹽。快要孵化出來的魚卵（gotten，快要「爛熟」的魚卵）很像果凍，相當油膩，是無法以這種方式處理的；所幸，我們只遭遇到少數幾個這樣的魚卵。在魚卵曬乾、鹽層也將水分壓出卵外以後，雨果就會將它們煙燻，調理成魚子醬。我們在幾條大西洋鱈的魚身撒上鹽，以便稍後將牠們製成鱈魚乾。

魚肝則裝在一個大塑膠桶裡。它們在接下來的數週、甚至數個月內會分離開來，純淨的魚肝油就會浮上來。艾斯約德漁產加工廠需要這些油，它會和顏料混合在一起，漆在加工廠的牆壁上。肝臟的其他殘餘物質，則會留在塑膠桶底部。這些油膩的廢棄物腐爛時，氣味特別難聞。我們會把肝臟殘餘物，做成吸引格陵蘭鯊上鉤的誘餌。雨果告訴我，過去人們會設法把肝臟殘餘物中的黏稠物質擠壓出來，這種黏稠物會塗抹在水管上，使它們在冬天不至於結凍。一種生物性反應，會生成散發出熱能的氣體。

鱈魚的魚肝油，非常適合用於油漆。但是，用格陵蘭鯊魚肝油製成的油漆則更是一絕。在羅浮敦地區，現在仍有少數幾棟在五十年前，以這種物質製成油漆粉刷的房屋。這種漆非常硬，根本難以刮除。此外，它的表面更是滑不溜丟，因此無法在那上頭刷上新漆。如果想要更換屋舍的顏色，就必須更換牆板。太空船的外層，真該漆上一層格陵蘭鯊的魚肝油漆——哪怕這種異味會在外太空到處散播，讓我們的地球在宇宙臭名昭彰。

在我們處理這些工作時，我想到早上在《羅浮敦郵報》讀到的內容。我們倖存的那一天，日期也正好是古時所稱「偉大的烈酒紀念日」（den store brennevinsdagen）。整件事的來由並不清楚。日期被設定在三月二十五日，可能是因為菜鳥船員賺到足夠的錢來請船隊裡的所有成員喝酒。也有些人懷疑，這個傳統可以回溯到天主教時期，和聖母領報節（也就是大天使加百列向聖母瑪利亞預報她懷孕的日期）有關。這件事和酒精有沒有關係，我們不得而知。但是，就像人們所說的，上帝的旨意是「無法捉摸的」。不管怎樣，我房間裡不就有一瓶威士忌嘛？我在奧克尼群島時買了一瓶威士忌，只因為人們說：這可是蘇格蘭生產，最優質的「鹹」威士忌。

梅特回到家，她剛在海中泡過，頭髮上還留著冰屑。對著迎面而來的景象，她微笑著，點點頭。她也是一輩子生長在漁業文化之中。散布各處的水桶和容器裡，裝著魚的內臟、魚卵、肝臟與舌頭。冰冷的大西洋鱈，舌尖懸掛在圓木上，在昏暗中閃閃發亮。時機成熟時，一部分的魚乾就會製成鹹漬魚（lutefisk）。這裡所說的鹹漬魚，可不是在商店裡買得到的那種。由三等魚乾製成的鹹漬魚，一碰到水就會完全融解。

曬乾魚肉的工作，永遠帶有運氣的成分，因為魚乾的品質好壞，是由天氣所取決的。它不能在強霜中懸掛太久，否則它就會爆裂（挪威人稱之為fosfisk）。陽光過度直曬，也不是好事；那樣會讓魚肉龜裂。所幸，羅浮敦群島鱈魚季正好就在一年當中，最適合將漁獲曬乾的兩個月。要是大西洋鱈魚群晚一點進入羅浮敦海域，由於天氣過熱，魚肉的品質就會被蚊蟲、黴菌和細菌給毀掉。如果牠們提前在冬季進入，攝氏零度以下的低溫會使曬乾過程根本無法進行，還會讓肉質受霜蝕所影響，而帶有酸味。這些年來，羅浮敦海域一帶能盛產鹹漬魚，實在要歸功於天時與地利。魚群不但必須精確地到達該地，還必須仰賴豐年時，非比尋常的大量魚隻；此外，那個季節也適合曬乾魚肉的工作。

懸掛大西洋鱈時，我們會盡可能希望天候符合下列條件：清爽、半潮濕的海風、充足但不會產生熱度的光線——攝氏一度或兩度的氣溫，使魚肉循著適當的節奏曬乾、成熟。下點小雨，並不礙事，但要是長時間、豐沛的雨量，就絕對不行了。高手們會將魚背朝向西南方懸掛，使雨水不致滲入魚腹。此外，空氣還不能太過乾燥。溫暖、不流通的空氣，會導致魚肉品質不佳。所幸，史柯洛瓦島極少受最後這種天氣類型所苦。

如果曬乾過程順利，我們就能得到世界上最耐久、最靈活、蛋白質含量最豐富、口感最鮮美的乾貨之一。鱈魚是相當精瘦的魚類，在曬乾後能夠集中保存體內所有營養物質。許多年來，這種魚類始終是挪威最重要的出口品。在冰島古文學《艾吉爾斯傳說》（*Egils saga*）中，托洛夫・克維德烏夫森（Torolv Kveldulvsson）早在公元八七五年，就從羅浮敦將鹹漬魚出口到英格蘭了。最早的書面歷史文獻記載，商城沃格（Vágar，即今日的沃甘）是最早進行鹹漬魚出口活動的城市。

鹹漬魚鑑定員評估每一條鹹漬魚能否送往出口市場時，要考慮一長串的因素：顏色、氣味、長度、厚度、硬度與外觀。魚身上有沒有鉤痕？身上是否有血跡、血痕？肝臟有沒有清理不夠乾淨而還殘留在魚腹或頸部？有沒有被鳥啄食過？當然，牠還不能有任何發霉的跡象。鹹漬魚品質篩選根據一四四四年的一條皇室法令，成為漁業的必經執業流程。此後的數百年來，鹹漬魚鑑定員已經發展出自己專屬的語言。屬漢薩同盟（hansabyen）的商城卑爾根，相當程度立足於鹹漬魚的生產上。十八世紀中期來自該市的文獻顯示，鹹漬魚生產與銷售區域的分布有多廣泛。牠們根據不同的品質而被形容成：呂貝克大白魚（Lübsk Zartfisk）、丹麥大白魚（Dansk Zartfisk）、荷蘭大白魚（Hollender Zartfisk）、漢堡白切魚（Hamburger Høkerfisk）、呂貝克舟鰤魚（Lübsk Losfisk）等等。

根據漢薩商業同盟時代留下的傳統，當今的鹹漬魚鑑定員依據三十種不同的品質標準進行篩選作業。三大主要類型為：優等魚（prima）、次等魚（sekunda）、非洲魚（Afrika）。

義大利人願意為一種被列為蜘蛛（Ragno）等級的魚，付出最高的價錢。這是一種精細、幾近完美無瑕、身長六十多公分的魚。牠們的腹部必須保持開啟，以便檢查。所有被列在優等魚與次等魚的魚肉，目標都是進軍義大利市場，其他比較廉價的魚肉，則出口到非洲去。

在飛往博德的班機上，我鄰座的一位先生是奈及利亞人。他成年後大部分時間，都定居在曼徹斯特。他是魚產仲介商，準備前往羅浮敦與鹹漬魚生產商簽署**期貨協議**。這項協議的重心在於大西洋鱈魚頭乾，它們在幾個西非國家可是價值不菲的產品。晚春時節，他就準備把還沒從海中撈捕上來的大西洋鱈魚頭乾，轉賣到非洲去。

我們的晚餐是雨果從大西洋鱈魚頭上，所刮下的面頰部魚排。煎炸時，帶皮的一面必須朝下。這個部位的肉質，和魚身其他部分的口味有些差異。它肉質更緊實，纖維較多，也富有介殼類的海鮮味。

就在我們吃飯時，雨果告訴我一則不尋常、甚至荒誕不經的故事。一九六〇年代中期，當他還是個小男孩的時候，賀涅松德興建了三座大型金字塔形的曬魚架。仲夏時分，數以萬計的黑鱈就掛在這些曬魚架上。通常在挪威北部，漁民是不會曝曬黑鱈的，但是這些魚肉所針對的是其他海外市場。當時，非洲境內多處爆發內戰，引發饑荒。

成群的家蠅圍繞在這些魚肉旁。因此，在這些魚肉出口前，人們在它們身上蓋了白布，還噴灑了ＤＤＴ（含劇毒的殺蟲劑）。雨果的印象中，將曬乾後的黑鱈出口到受戰爭蹂躪的非洲開發中國家，在一、兩年後就終止了。這可謂不幸中之大幸。

我跳上床鋪和衣而睡之前，最後的想法是：晚上必須有人充當「衛哨」，防止水貂（mink）潛入，偷叼走大西洋鱈肉。

25

隔天大清早，我手端咖啡杯來到碼頭上。懸掛的大西洋鱈安然無恙，然而一頭水獺沿著艾斯約德漁產加工廠於波浪中游來，就置身於浮式碼頭外。這讓牠在水中上下彈跳、活像一頭海豚；牠這樣做，實在不怎麼謹慎。突然間，牠停了下來，摩擦著自己小小的手，注視著我。雨果走到碼頭上，我用手指著水獺。一、兩秒鐘以後，水獺又用這種類似海豚的方式繼續游動。我們站著，微笑起來。雨果從沒看過水獺以這種方式游泳，現在是大白天，看見牠在史柯洛瓦島周邊的海浪中以這種方式游動，還真是稀奇。雨果在史柯洛瓦島周圍出海捕魚時，就經常觀察水獺，特別是冬季時，牠們可是很愛玩的。牠們可以順著冰覆、陡峭的山壁，一路溜滑梯般，滑進海裡。然後，牠們會往上爬，再滑一次。這樣的行為，並沒有滿足特定目的，不過所顯示的是牠們高度的智慧。水獺，是以聰慧聞名的動物。

牠們可以仰躺在海面上，手裡抓著石塊，再將貝殼放在胸口上，用石塊搗碎。

水獺和水貂正好相反，牠們是原生物種，非常適合這個環境。水貂是近一百年以前從美洲引入的物種，作為毛皮動物養殖。當然了，許多水貂最後順利從養殖場逃脫，並或多或少適應了自然生活。水貂會侵入各種環境而且缺乏自制力，一有機會，牠們就四處搞破壞。此外，牠們也大量捕食海鳥。

下午，我們決定在天候良好的前提下，從事一次短距離的航行，很快我們就得到了我們想要的目標。十四英尺小艇並不適合在外海追逐格陵蘭鯊，這一點無庸置疑，完全不需討論。這當然令人失望，在我為數不多的旅遊書中，其中一本讓我有理由堅信：就是現在，深海處有一大群格陵蘭鯊在游動。

尤漢．約特（Johan Hjort，一八六九—一九四八）是挪威非常重要的海洋生物學家。一九〇〇年，他搭乘「漁業研究員」（fiskeriundersøgelsernes）一艘新建的汽船（以偉大的麥可．沙斯命名），沿挪威北部海岸進行了一整年的航行。當時的約特不只是科學家，還是挪威漁業局的局長。他希望在北部海域，對各種漁業活動進行獨立考察。考察的結果，就是出版於一九〇二年的《挪威北部漁業與捕鯨活動》（*Fiskeri og Hvalfangst i det nordlige Norge*）一書，而我將這本書帶到了史柯洛瓦島。

在全書開頭，約特寫道：他希望能對「困擾挪威北部居民，在漁業與捕鯨業存在已久的衝突中，被大眾所熟知的重大問題」提出解答。這場衝突原因大致如下：芬馬克的近海漁民表示，鯨魚會將大量胡瓜魚（lodde）趕入近海。然而，當捕鯨人獵捕鯨魚時，這個關係就失衡了。胡瓜魚不再進入近海區，而這一切都是捕鯨人的錯。單是在瓦朗格峽灣一地，捕鯨人一季就獵殺了多達一百頭藍鯨，以及數十頭長鬚鯨。近海漁民也表示：鯨油提煉爐和工廠所排出的廢料，污染了海底生態。

約特調查了所有漁業的海洋生態與經濟因素及條件，而他可沒有遺漏格陵蘭鯊。他承認科學界關於生物物種的知識，仍然高度欠缺。但是他指證歷歷，北冰洋海域有大量的格陵蘭鯊出沒。當時挪威北部地區的格陵蘭鯊獵捕，也是很可觀的。根據約特的說法，格陵蘭鯊在冬季完全有可能南下直搗克里斯蒂安尼亞（Kristiania，今奧斯陸）附近的布納峽灣（Bunnefjorden）！

冬季即將結束，大西洋鱈在北挪威海岸出現的同時，也有數量可觀的格陵蘭鯊現身。約特在書中寫道：為了確保漁民能順利捕捉鱈魚，必須先把格陵蘭鯊趕走。牠們出現的範圍甚廣，包括淺水海域與深海區。

單單在芬馬克地區（特別是亨墨菲斯與瓦爾德兩地），漁民針對該物種，以六艘小艇與二十一艘（裝有馬達的）漁船進行獵鯊。一八九八年，漁獲量總值為七萬二千挪威克朗，換算成今日幣值約為五百萬克朗。

約特對於獵捕的形容，證明雨果和我的看法未必全然大錯特錯。我在紅屋裡找到他，當時他正在搬動、安置一道樓板。我引述約特書中的話給他聽：「他們使用強有力的鐵鉤，上面附著一條修長的鐵鍊作為吊環，還有一個大型鐵製鉛錘。他們以海豹脂肪作為誘餌，以小型的手動絞盤將上鉤的魚拉起。他們以這種方式，一天能釣起六十條格陵蘭鯊。」

「一天六十條！那有什麼了不起的。」他邊說邊微笑。

約特訪問過的捕鯊人都信誓旦旦：格陵蘭鯊會進行大範圍的移動。四月，捕鯊活動沿著海岸進行，但到了五月時，獵捕的區域就已位於遠洋了。夏天，他們必須全員出動到俄羅斯位於白海的東部冰洋，才能逮到格陵蘭鯊。到了九月，許多人則前往熊島和斯皮茲卑爾根島之間的浮冰區。參加這些捕鯊航程的漁民告訴約特：他們在靠近北冰洋海域所捕到的格陵蘭鯊肚子裡，發現紗線與延線釣繩的碎片。當時，他們在北冰洋並沒使用這些材料，格陵蘭鯊想必是在挪威海岸就吞入了這些東西。漁民表示，格陵蘭鯊在往返北冰洋的遷徙路徑上，會跟隨鱈魚的蹤跡。在格陵蘭鯊的肚子裡，常會發現大量遭到活吞的鱈魚。

最後，約特對獵捕格陵蘭鯊的活動下了總結，這和我與雨果的經驗剛好一拍即合：「追捕格陵蘭鯊的生活，實在是累人至極。終年風暴遍布的北方海域，在嚴寒與驚濤駭浪中，坐在小漁舟上，還可能要釣上沉重至極的格陵蘭鯊，這實在令人感到厭惡。」[77]

約特的其中一位受訪者，終生都和格陵蘭鯊對抗。一位常進出北冰洋的漁民，整整三十年，每年的夏天他都去捕捉格陵蘭鯊。他表示自己一個人抓獲的格陵蘭鯊肝臟容量，竟達七萬公升。而這也是他們在鯊魚身上，會善加利用的唯一部位。我闔上這本由偉大的約特所寫的《挪威北部漁業與捕鯨活動》，他在這本書寫成之際，作為深海研究員的美好職業生涯，才剛要展開[78]。

大西洋鱈就堆積在我們的台階上，而令人敬畏的格陵蘭鯊，可是從北冰洋一路跟著鱈魚的蹤跡。就算現在我們手上有整備妥當、蓄勢待發的漁船，我們還是出不了海。因為史柯洛瓦島的代表性慶典，眾人口中所說的「大西洋鱈世界錦標賽」（Skrova-festen），已悄然接近。

26

去年，我們就曾參與過這項盛事。一夜下來，一陣大風徐徐從西南方往港口直吹。隔天一早我們醒來時，雨果擔心那艘十四英尺小艇沒有綁得很穩。當時，艾斯約德漁產加工廠還沒有設置浮動碼頭，我們在一次出海捕魚後，便將小艇停泊在艾林森海鮮公司廠房前方。

雨果的直覺是對的。我們來到海灣的另一端時，發現小艇浸滿了水。我們舀水舀了整整半小時，努力在惡劣的天候中扭轉船身，使她能以船艏對著大海，停泊得穩妥。由於我們已經身處海灣的這一端，我們就前往俗稱為「大西洋鱈世界錦標賽」的慶祝宴會。舉行宴會的地點，就是安卡斯餐廳（Ankas Gjestebud）。

宴會會場外的角落，有兩個老人在敲敲打打著地上的雪堆，也許是想要弄出一個雪洞。背景音樂是一個藍調樂團中著名的挪威歌手在叫喊：「你是／一隻海鷗；而你覺得／應該要這樣子結束！／其他人在風暴中追尋，／而你仍舊兀立於礁石上高聲呼喊。」

時間，還不到中午十二點。戶外那堅固的舞會用帳篷，至少能夠容納一百人，然而它們正要被撤走。風勢很明顯會把戶外的慶祝活動與人潮全吹入海中。

安卡斯餐廳的酒吧裡擠滿了人，他們雙手都拿著酒杯大口地喝，還高聲對彼此叫喊，彷彿還置身於戶外的風暴中。酒客主要都是有點年紀的人，而這裡的女人可是和男人一樣兇悍。當我想擠到吧台前買酒時，我旁邊的一名男子開始瞪我。到最後，我也不得不回瞪他。

「喂，要打架嗎？」他「建議」道。

我感到非常困惑，所以我禮貌地問這男子能不能等到我喝醉以後再說。也許，他只是愛說笑，但他並沒有擠出微笑，或釋放出其他信號顯示他是在開玩笑。從這位男子坐著的位置，雨果老遠就注意到這個事情。當我回到桌前時，他問我那男子當時說了什麼。他並不驚訝。他告訴我那個人喜歡惹是生非，把別人的手打斷是眾所皆知的事，所以我應該低調一點。

雨果想到童年時的一個故事。某天早上他從家裡的窗戶，看到外頭有個人用刀將一座帳篷割出一道開口，然後從開口中衝了出來。後面有另外兩個人也從帳篷裡衝出來，第一個人拔腿跑向前灘。這時，火焰從帳篷中噴發出來。在那人跑出時，或早在帳篷裡爆發口角時，這些小夥子們想必是掀翻了一座可攜式火爐。被追的那名男子來到海邊跳進海裡游泳，緊跟在後的那兩人拎起一把獵槍，對那名泅水者射擊。他想游到自己停泊在五十公尺開外，內灣海峽另一端的小艇。

隔天，社區巡官就出現了，想必有人打電話向警方報案。法律使這三人握手言歡，並迫使他們修補那座已經燒壞的帳篷。大家立刻對所有協議表示同意，這件事也就不了了之。

梅特也跟著我們前往在安卡斯餐廳裡所舉辦的錦標賽盛宴。她是個很有膽量的人，也不排斥這種喜慶場合。然而，那個場合帶有點野蠻、擾攘的氣息，擠滿了一堆平常不那麼常喝酒的人，這使他們整體進入一種狂歡作樂的狀態，好像他們可以為所欲為。她適應不了這種氛圍，很快就離開了。

儘管如此，雨果和我還是帶著挑戰的心情留在位子上，因為這裡的氣氛讓我們也變得有點緊張。要想弄清楚這個慶祝活動在玩些什麼，其實不那麼容易。所有人的性情，從一般情況下的保守、內斂變得粗魯、直接，除非你一開始就是製造這種氛圍的其中一分子，否則你會覺得難以應付。我們用紅酒撐住場面。所幸，當慶祝活動於下午四點鐘結束時，沒有人從碼頭上摔倒，或被海風吹倒掉進水裡。

當我們彎著腰，穿過風雪，走回艾斯約德漁產加工廠時，我還記得雨果的最後一番話：

「我們家裡**永遠**不會搞這種宴會。永不！」

現在艾斯約德漁產加工廠在五天後所要舉辦的，正是這場慶祝活動。安卡斯餐廳已經關門歇業，漁產加工廠那偌大的倉房，現在已成為全島最適合舉辦活動的地方。雨果和梅特被問到，是否願意在那裡主辦世界錦標賽的慶祝活動。他們難以回絕。他們已經做出重大投資，同時也需要收入。在一切就緒以前，加工廠裡還有許多要興建的設備，這所費不貲，而銀行貸款也是有條件的。舉辦一場這麼大的慶祝活動，似乎有點操之過急，不過現在他們也只能放手一搏了。

三年前，艾斯約德漁產加工廠其實搖搖欲墜，每個來到史柯洛瓦島上的人都覺得它有礙觀瞻，簡直就是全島的大污點。正在解體的牆壁，以及情況更差、更腐朽，在倒塌邊緣的碼頭，都向外界釋出一個清楚的訊號——史柯洛瓦島，就像海岸線近千個其他小聚落一樣，已經是風中殘燭。顯然地，住在這裡的人像是被壓在牆邊和時間對抗著，因為不管怎樣，**這裡**沒有未來。艾斯約德加工廠可不是什麼古色古香的城堡遺跡，它只是在在提醒著世局發展的殘酷無情，與人口搬離、景象破敗攜手，使人感到不快。即使實情或許並非完全如此，但重點是：**它看起來就是如此**。

現在，新建的艾斯約德漁產加工廠即將向人們敞開大門。這對雨果和梅特而言，對這類的加工廠而言，對整座史柯洛瓦島而言，都是值得紀念的日子。目標是讓艾斯約德漁產加工廠成為島上所有人的社區活動與文化中心，換句話說，它會是史柯洛瓦島的交流中心。這陳舊的漁產加工廠在過去這麼多年以來，經手了數千萬條以上的大西洋鱈。現在起死回生以後的艾斯約德漁產加工廠，一開幕就舉辦「大西洋鱈世界錦標賽」的盛宴。這再適切不過了，不是嗎？

這場盛宴規模頗大，因此過去這幾天我們一直在和時間賽跑。我們估計這天會有數以百計的客人到場，這比整座史柯洛瓦島上的居民還多。人們會從斯沃爾維爾、卡伯爾沃格等漁村，搭乘大型 RIB 艇、漁船和直升機抵達這裡。人們遠道而來參與世界錦標賽，因此旅館將會人滿為患，他們主要不是來羅浮敦海域捕捉大西洋鱈，也不是要贏得什麼比賽的勝利。來自全國各地的許多公司，帶著自己的職員或商務夥伴來到這裡。這樣的格局——包括美景，海上數以百計的漁船（前提是天候許可），以大西洋鱈為主菜的晚餐，有助於凝聚團隊的共同感，使人們熱血沸騰。那些派對，包括在艾斯約德漁產加工廠舉行的宴會，才是重頭戲。

一連數週，梅特和雨果夜以繼日地規劃、採購、申請，以及打理宴會現場難以數計的實務工作，包括額外的電力裝置、申請酒精飲品牌照，還有消防單位的安全認證。牆壁必須以石灰水刷過、搭建吧台、架好欄杆，場地也必須整頓，布置妥當。因為要供應鯨魚肉和魚肉漢堡，所以也要重新裝設廚房。我們已經跟島上所有人借了一堆東西，但還有許多物品必須從斯沃爾維爾運來。

雨果甚至還弄了一個數噸重的汽鍋，他用起重機將汽鍋降在碼頭上，再設法將其從雙重門推入一個原本用來放置產具的儲藏室內。由於無法開車來到艾斯約德漁產加工廠，所有超重或體積太大的物品，就必須借重船運。運輸船海鷗號過去曾是艾斯約德家族的資產，它能將裝有一千五百一十二罐啤酒的集貨架，以及裝有能供瓦斯爐使用的一千公升油料的油槽，從甲板上降到碼頭上。

很顯然地，整座史柯洛瓦島都希望這場宴會能夠順利進行。梅特和雨果發現，島上最具影響力的居民在暗助著這場宴會的籌備，一旦市府的官僚不必要地刁難籌備事宜，他們甚至會暗中穿針引線。分量重的大人物，暗中設法協助重大的事情。雨果的主要活動範圍，就集中在史柯洛瓦島地區；許多我沒見過的人，都為這件事情賣力奔走。大家好像都曉得自己該做些什麼事情。這幾天，看著艾斯約德漁產加工廠準備迎向盛宴，我想到卡通動畫《灰姑娘》（*Askepott*）裡的情節。

天氣，也展現出最好的一面。天空晴朗無雲，非常適合將大西洋鱈魚肉曬乾。海水就像一首歡娛的海員出航之歌所描述的，湛藍而晶亮。當我們約聘的樂師在星期五搭乘渡輪、從博德抵達此地時，大部分事項已經準備就緒。

27

早上十點，就有少量的人群進入會場。有些人可能四十年沒進過艾斯約德漁產加工廠了，很好奇它現在的狀況。白天，人潮洶湧，其中許多人是乘坐 RIB 小艇，從斯沃爾維爾前來。一些童心未泯的退休老人，駕著陳舊、但修補過的小漁舟和漁船來到。他們在船桅和支柱上懸掛大西洋鱈，將其曬乾，並將船隻停在新整建好的碼頭旁。

這場宴會可謂皆大歡喜，我們事先擔心過的各種不利狀況並未發生。許多人一直喝酒，有些人甚至一連數天都如此。多年來，一部分來賓博得了在宴會場合展現靈活身手的名聲。這些大男人，把半公升大的酒杯當成小水杯在拿。

在會場待最久的來賓，多半是從挪威西岸峽灣兩邊來的當地人。在室內，雨果認出一個他五十年來沒見過的人。他們最近一次見面，已經是雨果在曾祖母位於韋斯特羅倫佛萊島（Fleines）家裡過暑假的往事了。雨果告訴我，天氣炎熱時，這小男孩居然喜歡在短襯衫下，再加一件咖啡色的長袖內衣。他就憑這些細節，認出了這人。這人還養過一隻相當溫馴的烏鴉。他們並不是很親近的朋友，那人幾乎完全認不出雨果。當他們錯身而過時，雨果突然轉身，問道：

「你還記得那個養過一頭溫馴烏鴉的人嗎？」那人顫抖了一下，因為連他自己都快忘記這件事了。

在碼頭上，我和一位來自哈馬略（Hamarøy）的漁民閒聊。他釣起過很多大比目魚，並且告訴我格陵蘭鯊總會竄入絲線網中，把大比目魚撕碎，他對此深感困擾。假如我和雨果沒能順利抓到格陵蘭鯊，我可以帶他一起行動，因為他保證那裡會有數量甚多的格陵蘭鯊。我記下了他的名字，但也跟他說，我和雨果很可能還是得用自己的方式去執行任務。

食品與飲料的消耗量相當大，烈酒迅速地被一掃而空，使人以為今天是啤酒節。我們必須向斯沃爾維爾補貨。整個下午，最常聽到的一個消息是：「酒會用渡輪運過來。」每次渡輪一接近岸邊，它就成為艾斯約德漁產加工廠裡人們矚目的焦點。一名頭戴船長帽，常臉帶嘲諷，露齒而笑的老先生，訂購了五十小杯的開胃烈酒。他和同隊的夥伴一杯接一杯地將烈酒喝完，然後起身登上其中一條船。那時正值退潮時分，他們必須從碼頭上爬下去。這些傢伙過去已經多次這樣做，所以爬下去時他們也沒有太小心翼翼。

就在他們離開之際，一艘以傳統方式建造、長約二十公尺的維京海盜船航進港內。是的——她**航進**港內，靠在艾斯約德加工廠附設的碼頭旁。她是一條相當新的船，船艏與船艉都有著龍頭，龍骨相當均勻、對稱。

這一整天，甚至到了晚上，都沒有爆發任何爭吵或使人不安的狀況。這是給成年人慶祝、飲宴的場合，來賓心情都相當好，大家吃喝、消費、跳舞。這次和去年相比，溫和、正面的氣氛較為明顯。不過，這次的正面氣氛與過去一樣是自我蔓延的，差別就在於這道上升的曲線效果更強大。

幾乎一整夜，羅浮敦海域的上空星光閃耀。就在派對即將進入尾聲時，我在碼頭上轉了一圈。雪晶緩緩地落在黝黑的屋頂上，落在史柯洛瓦島的碼頭與山丘上。曬鹽小屋裡傳來的藍調音樂，一路散播到加工廠最遠端的隙縫，而低音吉他的弦音則沉入碼頭的尖樁之間。樂聲盤旋在灣區的水面上、水面下，洋流則持續在流動，朝挪威西岸峽灣而去。在無風的夜晚，浮於水面上的聲音宛如隧道般悠長。

史柯洛瓦島在夜間通常是相當安靜的。除非有風聲，船隻的冷卻裝置聲響，或艾林森海鮮加工廠外的風扇聲，否則你什麼都聽不見。海鷗在此大致能獲得充分的糧食，因此也不大會吵鬧。現在室內傳出的音樂與笑聲，還有緩緩落在海面上融解、輕如空氣的雪片，混合在一起。大西洋鱈在海底游動著，準備產卵。牠們猶如水面下的候鳥群，越過巴倫支海游了數千公里，或許就是想要回到出生地。

艾斯約德漁產加工廠的窗戶閃動著微光，一艘船主桅上的燈火，在建築物那道潔白的表面上投射出一道柔光。鹹漬魚使用人工方式加熱——這，會是史上第一次嗎？經歷了數十年來的靜默與衰敗，重新立足的漁產加工廠散發出一股新活力，彷彿一個站穩腳跟的新季節，將前一個季節的氣息驅逐殆盡。在艾斯約德漁產加工廠的牆壁上，似乎掛著一座看不見的時鐘。不過，和其他時鐘相反，它所顯示的是現時。

28

宴會後的清潔工作，花了我們兩天時間。隨後，我們可以專心處理格陵蘭鯊的事。自從附在雙殼船體的冰塊融解、水被抽出以後，十四英尺小艇的狀態看來好多了，生氣蓬勃。然而，早上從東方吹來一片淒冷、使海面結冰的風，挪威西岸峽灣變得一片雪白。我們別想要出海了。持續不斷的風勢釋出銳利的冰晶，在低矮的冬陽下，閃閃發亮。

我們曾用掛鉤逮著過格陵蘭鯊。這將會再度發生，不過不是現在，不是這次。在我必須南下以前，天氣看來是不會好轉了。在這段休眠期間，獵捕格陵蘭鯊所用的魚鉤還沒機會浸到水裡。不過，經過充分曝曬的大西洋鱈在淒冷的風中搖曳著，儼然一幅使人感到心滿意足的美麗景象。

春

29

春天來了。我內心的羅盤，再度指向北方。詩人勞夫．雅各布森（Rolf Jacobsen）在著名的詩作〈北方〉（Nord）中寫道：「這國家，狹長的領土／精華，盡在北方。」然而，當你抵達北方後，其實所知最多的是南方。

在四大方位之中，北方永遠是最神祕的一個。直到晚近以來，極北處的區域始終坐落在地平線之後，位於可觸及範疇之外。這為人們關於極北地區的種種想像，提供了充分揮灑的空間。關於神祕北國的歷史，從古希臘傑出的天文與地理學家，來自馬薩利亞（Massalia）的皮西亞斯（Pytheas，公元前四世紀），就已開始。公元前四世紀，他就從地中海啟航，來到今日的英格蘭。他沿著英倫三島繼續北進，抵達蘇格蘭的北端。他從該地繼續探索，朝北行駛了六天，來到一塊不知名的陸地。那是一個冬季暗無天日、夏季日不落的地方。人民相當友善，行為舉止相當特殊。這裡常起大霧，海水也是結凍的。皮西亞斯將這塊區域稱為「圖勒」（Thule）——極北之地。

皮西亞斯所留下的書面記載，現已完全佚失。其他文獻中，僅轉述了他敘事的片段章節。兩千多年來，他的旅行備受各方討論。皮西亞斯究竟到了什麼地方呢？奧克尼群島？昔德蘭群島？波羅的海沿岸小國？冰島？挪威？還是……格陵蘭？

希臘學者斯特拉波表示，整件事根本是無中生有，皮西亞斯完全在吹牛。大家都知道不列顛群島是世界上人跡所至的最北點。也只有愛爾蘭比較野蠻。在愛爾蘭，男人與其姊妹通姦，並在自己的父母年老時，將他們吃掉。因此，這謎樣的極北之地必然只是子虛烏有。

關於極北之地的神話不但沒有死滅，在接下來的數個世紀，它的流傳反而越來越廣泛。羅馬詩人維吉爾（Vergil）使用「極北的圖勒」（Ultima Thule）的名稱，來稱呼這塊迷霧環繞、位於極北之處的土地。那是通往永夜的土地。

探險家弗里喬夫・南森對此則深信不疑。只有一個國家或地區，完全吻合皮西亞斯所描述的細節，它既不是昔德蘭群島，也不是冰島，而是位於通往極北之路的挪威。正如我們所知，皮西亞斯在描述中提到的冰洋，當然並不存在於挪威，因此南森的推測或許並不完全準確。不過，至少北大西洋在兩千四百年前，是比現在冷得多的。南森表示，皮西亞斯沿著賀爾格蘭海岸（Helgelandskysten）前進，或更往北方探索時，挪威人想必告訴他，關於冰洋的故事（而他也親自體驗到永晝）。也許，當我和雨果在史柯洛瓦島燈塔外最遠處所能瞥見的韋島（Værøy），就是圖勒。

南森也在書面記錄中，提到謎樣的許珀耳玻瑞亞人（Hyperboreerne）。根據希臘神話，這個民族定居在「北風以北」的國度，緊臨極北之洋。在那裡，繁星落盡，月亮又是如此靠近，以至於從水面的倒影就能清楚看見月亮表面的細節。許珀耳玻瑞亞人（又名極北族人），據說還曾邀請過阿波羅，一同跳舞、共享晚餐。有些人則表示，極北族人所居住的國度，有一座球型的巨大神殿，在空氣中飄動，受風勢造成的浮力所帶動。極北族人也很有音樂天賦，一天之中大部分的時間都在吹奏橫笛，彈著七弦豎琴。他們不知戰亂或不公不義為何物，他們既不會老化，也不會生病。換句話說，他們是長生不老的。他們對生命感到厭倦時，就會頭戴花環從懸崖上一躍而下。

對圖勒、極北族人以及其他北方國度的神祕想像，都是對美好、純淨、靜謐的幻想——而不是空虛——以及對這一切的渴望。未知的極北國度，是有著崇高地位的庇護所或安息之地。我們無法親近，無法享用，它如處女般純淨，也**善良貞潔**。圖勒，已不再是置身於世外，只能引人遐想的桃源；它，是一塊令人神往、渴望的境地。

五月中旬，我再度搭上從博德啟航，前往史柯洛瓦島的快艇上。冬季的風暴與海水洋流，激起了寒冷、富含礦物質的深海海水。陽光與日照為海水帶來新生；海生植物與浮游生物，數量也激增起來。

史柯洛瓦島外海的海水顏色，是牛奶般的淡綠色。許多海域的名字，也正是得自它們所帶有的顏色。紅海很可能因水中紅色的海藻類，而得其名；白海在一年之中，絕大部分時間都是結冰的。黃海得其名的原因，則在於內陸的塵暴將戈壁沙漠的砂礫帶到其表面。沒有人能確認，黑海為什麼叫這個名字，不過它從羅馬帝國時代起，就被這樣稱呼了。也許，黑海承載更多的淡水，因此顏色更黑，故得其名？目前，波羅的海、北海（尤其是挪威多處峽灣）的海水顏色，都越來越深。水質確實是越來越黑，海水中充斥著吸收光線的有機物質，而海水升溫現象更強化了這個趨勢。海水顏色一旦太深，許多生態系將會受損，甚至被毀滅，但是水母是很能順應時勢的[79]。

海水，究竟是什麼顏色？多年來，一些知識分子試圖推翻、撼動大眾所接受的認知（至少，藝術家廣為承認此一說法）——海水，是藍色的。他們近乎不情願地承認，特定條件下，從遠處觀望海水，看來確實是藍色的，至少陽光映照時是如此。大清早時，大片海水通常呈珍珠般的灰色；傍晚時分，靜止的海水會反映出血紅色的日落。除此之外，海水的顏色還會隨著深度、水底條件、含鹽量、海藻生長、污染物、大型河川的沉積物，以及天空從上方投射的光線而改變。上述不同因素的加成，帶給海水完全不同的色彩與光影。過去，常在北冰洋航行的水手都知道：由南方來的洋流，會帶來藍色的海水（或者說，比常呈綠色的極地海水要藍）。

挪威西岸峽灣海水呈現的綠色，要歸咎於今年第一波球石藻（kalkflagellater）的生成。它是形成白堊的一種單細胞植物，在每一水滴中，存在著數千具這樣的有機體。顯微鏡下的球石藻，看來像是有著銀絲鈿工飾品形狀與結構的圓石。這樣的藻類通常不會這麼早就大量出現，但是海水是在持續質變的。

就如陸地上的絕大多數動物，係以草類與植物為食，絕大多數的海中動物亦以浮游生物為食，兩者原理一樣。浮游生物的工作，就和陸地上的植物一樣：通過光合作用，吸收大量的碳，生成氧氣。其中一種呈藍綠色的藻類，產量與數量是如此可觀，使科學家估計它獨立生成地球上百分之二十的氧氣。直到一九九〇年代，科學界才發現這種藻類的存在。地球適合人居，藻類可謂功不可沒。絕大多數人根本不知道藻類是什麼，我們肉眼也看不見它們，但它們對我們的恩惠，卻是非常巨大的。

藻類的形狀，可謂千奇百怪。如果你看過顯微鏡下拍攝的藻類照片，定會覺得難以置信。它們的形狀，可以像是雪晶、登月小艇、風琴管、艾菲爾鐵塔、自由女神像、通訊衛星、煙火、萬花筒所看到的圖案、牙刷、空空如也的購物籃、開啟的煎餅用鐵鍋、浮著一顆冰塊的酒杯、內裡有著豹皮的香檳酒酒杯、希臘神甕、伊特拉斯坎雕像、腳踏車車架、長柄袋網、機械零件、羽毛、花束、含著蘋果的巧克力黏球、手機藍芽、迪斯可鏡面球、澄澈透明，將要融解的教堂鐘鈴、飄動的波斯地毯、獅子的牙齒、魚網、大禮帽、吸塵器、胚胎、剃刀、子宮、多刺的生殖器官、精細胞、大腦和自來水筆。它們的形狀，涵括地球上絕大多數生物，以及許多未曾出現過的外觀，卻足以形成一個新地球的生物。一桶乾淨、澄澈的海水裡，可能生活著數以百萬計的微生物，其中包括大量被球石片（kokkolitter）覆蓋著的球石藻。

就在十億年以前，球石藻建立了相當可觀的群落，它甚至可能是最初多細胞動物的始祖[80]。這樣一來，它就稱得上是我們的祖先了。現今，一切有生命的存在都可以把自己的族譜上溯到這些微生物。自從生命在海洋中出現以來，一切生物都有能夠在數十億年來連貫的脈絡下，進一步調整、演化的祖先。這聽來令人不可置信，但實情就是如此，我們通常不會從這種視角去看事情。的確，我們有什麼必要這樣做呢？

演化是盲目的，宛如一條穿越時間的河流，它完全不會在乎過程中被淘汰後消失無蹤的失敗者。

海洋有著許多顏色。那麼……海洋的聲音呢？奔上沙灘的海浪，還是那飽經風霜的海岸線上，沖擊著岩壁與石頭的轟鳴聲呢？嗯，那都是從陸地上聽見的聲音。水底下，就是另外一回事了。在水下，海洋有著自己獨特的聲音，一種深沉、單調的音調，全然由自身所發出——宛如來自舊約聖經中巨獸貝西摩斯在發情與交配季節，所發出的呻吟聲。

數十年來，全球各地的人們一直在討論這種聲音。它被形容為從遠距離外就能聽見的低頻、震顫的聲響，彷彿一輛發動中的柴油車。有些人——甚至向來理智的威爾斯人——都宣稱這種聲音會造成流鼻血、頭痛與失眠。許多人試圖說明這個現象，認為可能的原因包括電線杆、管線、潛水艇、通訊設備、耳鳴現象、交配中的魚隻，以及幽浮。許多健康的人們堅稱：他們曾聽過這種聲音。因此，這個現象受到廣泛的研究。現在，法國國家科學研究中心（Le Centre national de la recherche scientifique）表示：他們已經找到答案了[81]。

在特定情況下，沉重的長浪會使地殼震顫，這樣的震動會造成一般人都能清楚聽見的深海聲波。

快艇從博德抵達史柯洛瓦島之際，一如往常已是深夜。然而，日光已經捲土重來，在接下來的兩個月，太陽幾乎不會從艾斯約德漁產加工廠上方落下。事實證明秋冬兩季，對想要在小艇裡捕捉格陵蘭鯊的兩人來說，造成不少問題。現在，在我們的第四季，這一切就會成真。

一如過往，雨果對時間做了最充分的利用。他在紅屋內的種種工作，已有相當進展，他已在主要廠房內建好了廁所以因應舉辦活動的需求。他們也從史提根運來了兩匹昔德蘭群島小馬：盧娜與韋斯勒格洛帕。現在，牠們置身於朝哈特維卡方向，距離數百公尺處的綠色小峽谷中吃著草。雨果會將艾斯約德漁產加工廠後方，堆滿老舊橡木桶的魚油提煉廠房整頓乾淨，好在冬天時作為馬廄使用。我感到有點好奇：現在，既然孩子們都長大離家了，為什麼他們還養著這兩匹馬。他們並不這麼想，假如我問起，他們會用詭異的眼神望著我。

雨果曾看過一頭擱淺在伊姆綏島（Gimsøy）上的長鬚鯨，還將兩條鯨鬚扔在桌上。鯨鬚很輕，感覺像是由輕巧的玻璃纖維製成的。鯨鬚上方與內側那長而僵硬的毛髮，能在過濾海水時捕捉到浮游生物與磷蝦。鯨鬚宛如一把梳子，緊密地排列在鯨魚的上頷。然而，兩根鯨鬚根本無足輕重，雨果想要把長鬚鯨的頭顱運到史柯洛瓦島上來，但他還不知道該怎麼執行。不過，他想他會需要一艘載貨船。

在樓上，雨果帶我參觀了一些尚未完工的畫作，他使用黏貼著印度再生手工棉紙的無酸薄紙板及鉛筆作畫。這種紙的材質相當好，能細緻呈現出灰色與黑色的陰影交替。有些形象具體的物體相當清晰（如齊柏林飛船），而它看來也像是飛躍中的鯨魚。另一張畫，很顯然是一條在水中轉動身軀的格陵蘭鯊。

雨果還打算製作一座海膽嘴巴造型的大型雕像，它將由八個排列成圓形的相同部件組成，還能開闔自如，儼然是展現精細機械設計的奇觀。此外，他還在繪製另一幅畫，主題是史提根的立石（bautastein）。那可是全挪威北部最高的立石，屹立在離雨果與梅特家數公里的天使島上，已有一千五百年之久——直到市政府的一位修草員工前來，將它弄翻，害它碎裂。顯然地，立石已無法修復。

我們的晚餐，是雨果在史提根用釣竿釣起的一小塊大比目魚煎肉。用餐時，他向我展示一項新科技發明。梅特給他一根海釣用的魚竿，以及一捆附齒輪的日本製強力電線捲軸。現在，我們就要試試這個裝置。我穿著附有安全帶的背心，而那正是百慕達外海漁民準備拉起捕獲的旗魚與劍旗魚時，所使用的裝備。

目前我們所使用、長度為四百公尺的魚線，重量是很可觀的，也只有一定規格的船隻，才能容納。現在我們就要試著用一根細如紡紗線的魚線，釣起一條也許有一千公斤重的格陵蘭鯊。這是一項新科技，而那黃色的細繩索想必和蜘蛛網有著相同的特質。這聽來也許並不那麼穩妥，但是我們就是要奮力一搏。我們準備好了。

30

隔天早上，黎明時分，一層濃厚的灰霧籠罩了海面與陸地。艾斯約德漁產加工廠沉浸在一片靜謐中。所有的聲響都被霧氣所吸收，但也正因為如此，人們對仍聽見的聲音就會格外注意，並更覺清晰。我們的聽覺彷彿變成了某種味覺。

海面像是被這層霧氣所癱瘓，它不止吸收了聲音，更吸取了靜謐。我聽見某種自己先前並未注意過的風扇或機械組的聲音，它們從港灣另一端的艾林森海鮮加工廠傳來。

三小時後，濃霧漸次疏散。一層低矮、灰色的積雨雲，散發著不健康、病弱般的黃色磷光。日光很快就會穿透雲層，於是我們整裝出發，當我們駛過史柯洛瓦燈塔外與弗雷莎嶼外那平靜的海面時，水花噴濺起來。我們這回可是帶上了一片真正的美食佳餚作為誘餌。自從蘇格蘭高地牛肉以後，我們的水準就不曾達到那般高品質。大西洋鱈魚肝自冬季保存至今，已變得相當可口。肝臟表面還形成了大量的純油，雨果將它們做成顏料。魚桶的底層則是呈棕色、發著酸臭味、閃閃發亮的肝臟殘餘物。肝臟殘餘物的成分，幾乎全是油脂，而這也是過去獵捕格陵蘭鯊的漁民（包括雨果祖父在內）會使用的材料。這味道確實臭不可擋，但和只有屍臭味的蘇格蘭高地牛肉相比，它的氣味可就豐富得多了。我們用一個油漆罐將肝臟殘餘物裝起來。在水面下，它將會像女妖的歌聲般誘人。

在我們借助陸地上定點，使用三角測位法確認我們的位置（我們也有GPS系統，但它的錯誤太多，以致我們都不敢信賴它）以後，我就拋出油漆罐。我們在蓋子上鑽了好幾個洞，還只用繩索固定，使罐中的內容物能夠在海底充分滲出。而格陵蘭鯊就在海底等待著。

我們能夠設想格陵蘭鯊生存的天地嗎？海水和黑暗徹底交融，對格陵蘭鯊而言，牠可能分辨不出何者是水，何者又是黑暗。這和我們把身體周邊的空氣視為理所當然是一樣的。那陰暗而冰冷的海底就是牠的天地，在海底，牠就像一部由肉身製成的機器，緩慢無聲地游動著，油脂、血液、肝臟都含有毒素。牠那了無生機、半盲的雙眼上懸掛著寄生蟲，長長的蛆蟲穿透著眼球。牠所要求的，就只是延續自己的生命；牠不太可能感受到任何喜悅、哀傷，甚或痛苦。每次牠活吞一頭海豹，或是將口鼻鑽入鯨魚腐臭的屍首上時，牠應該只感到一種機械性的滿足；牠知曉自己的生命，也許又能再延續一個月。牠們在世界上生存的任務，也正是如此：撐到下一頓飯的開動時間。牠們在受孕時，也毫無喜悅或關愛可言。除此之外，牠們和其他生物的接觸，就只有在吞食獵物的時候。牠們的後代，很早就發育出巨大的利齒，在母親子宮內，最強壯的胚胎就把自己的兄弟姊妹吃掉，成為肉食猛獸。牠就這樣，獨自來到世界上。

小格陵蘭鯊出生時，牠們可以瞥見自己上方數千公尺處一道微弱、灰暗的陰影。不過，這不怎麼引起牠們的注意。然後，牠們在孤寂、冰冷、陰鬱的靜謐中開始覓食。我們完全沒有必要問：這樣的一頭動物怎麼會存在。所有的生物都受求生的本能所驅策，即使環境有如地獄般慘烈，也沒有動物會想自殺。

這就是人類同理心的無謂之處，格陵蘭鯊從自己血管中所聽見的，也許是另一種完全不同的樂聲。牠似無重量，沒有天敵，在數千萬年來經過良好調適的宇宙中優游著。不，格陵蘭鯊的天地，不是我們所能夠想像的。

你知道演習內容。我們已經把餌抛出去了，捕魚的活動則在隔天才開始。雨果熄掉馬達，我們開始隨著洋流漂流。我們或低聲交談，或安靜地坐著。這種沉默幾乎從未造成我們之間的壓迫感，也許這就是真摯友情的定義。

才過了半小時，我們漂移的距離是如此的遠，使我覺得自己似乎能看到羅浮敦群島的尾端。羅浮敦岬角外有著大漩渦（Moskstraumen），這個現象及其名稱，幾千年來都把水手們嚇得六神無主。幾千年來，這個地點一直被視為是海洋的肚臍、世界之泉，以及無底的深淵。它簡直就是北歐神話中的金倫加鴻溝（Ginnungagap）——海水被吸入、再被吐出成巨河之處。也許，海水在經過地底下的循環後，會從世界上另一個完全不同的地點浮上來。數百年前的有智之士認為，地球需要養分時就會把海吸進去。也許，這就是潮汐規律性背後的成因，海水從漩渦處——亦即所有風勢交會、製造混亂或洋流強烈，足以吞沒風勢的地點——進出地球內部。

奧盧斯·馬格努斯把大漩渦稱為「可怕的漩渦」（Horrenda Caribdis），一旦靠得太近，漩渦就會將人畜與船隻擊碎，吸入其中。出身自默勒的牧師、歷史學家約拿·拉斯穆斯（Jonas Rasmus，一六四九—一七一八），相信奧德賽**來過**羅浮敦海域以及遭遇到大漩渦。在岩壁間，就能聽見最恐怖、像雷鳴般的激流的聲音，漩渦是如此巨大、力道強勁，以至於行經該處的船隻必定會被吸入海底[82]。一五九一年，法警艾瑞克·韓森·舒納堡（Erik Hansen Schønnebøl）描述：羅浮敦岬角外的漩渦是如此迅疾、咆哮聲是如此巨大，乃至「土與地都顫抖著，屋舍也隨之搖撼」。在一張一六八三年繪於漢堡的地圖上，大漩渦被描繪成一處範圍達一百海里的災難事故區。生於美國波士頓的作家愛倫·坡（Edgar Allan Poe），在一八四一年出版的《莫斯可漩渦沉溺記》（*A Descent into the Maelström*）中，描繪得更加誇大。故事中講述一艘載著當地漁民的船隻被吸入風暴的漩渦中，這個漩渦的咆哮比尼加拉瀑布的還要懾人，連山岳都為之顫抖[83]。即使是尼莫（Nemo）船長集最新科技於一身的鸚鵡螺號（Nautilus）潛艇，都應付不了這「全世界的海面上，最危險的地方」。那可怖的漩渦能夠「將船隻、鯨魚和北極熊帶往死亡之淵……」84。

31

自從雨果與我上次見面以來，我已和全世界研究格陵蘭鯊權威之一的學者見過面。不過，能夠擁有這項頭銜的人屈指可數，因此他在外界的知名度其實仍相當有限。他名叫克里斯欽．呂德森（Christian Lydersen），任職於挪威極地研究院，研究格陵蘭鯊生命週期與生理學上不同的層面。雨果對這些方面的知識饒有興趣，我將我記得的一切都告訴他，那感覺很像一個盡忠職守的外交官在造訪世界上一處偏遠、動盪不安的角落以後，發表一篇報告。

呂德森和其他研究員，在斯瓦巴島的西海岸進行過田野調查。他們在與經驗豐富的捕鯊人談過話以後，從蘭斯號（Lance）研究船上，放出一道附有二十八個魚鉤的魚網。他們使用一般捕捉大比目魚、尼龍材質的魚網以及金屬絲網。他們以海豹的油脂作為誘餌，魚網直接投入三百公尺深的海中。

在第一次拉動時，他們每三個鉤環中，就有一個纏上了格陵蘭鯊。短時間內，他們一共抓住了四十五頭格陵蘭鯊，這遠超過他們研究鯊魚飲食、基因與污染狀態所需要的數量。有些格陵蘭鯊在被拉上來時，已經只剩下頭部。就在這些格陵蘭鯊無助地陷在魚網上時，牠們的同類就把牠們的身體啃得精光。研究人員在那些被拉上船時腹部還完好無缺的格陵蘭鯊肚子裡，找到環斑海豹（ringsel）、髯海豹（storkobbe）、冠海豹（klappmyss）與小鬚鯨的殘骸，還有鱈魚、狼魚、黑線鱈與其他魚類。格陵蘭鯊將超過四公斤重的鱈魚、以及兩倍重的狼魚，一口氣活活吞下。

毫無疑問地格陵蘭鯊能擊殺鯨魚，不過呂德森終於了解小鬚鯨的鯨脂究竟從何而來。它其實是來自於一艘挪威漁船捕獲小鬚鯨以後，所採得的樣本。鯨油並非這艘船想賣到市場上的產品，因此將其扔進海中——這就給了海底的掠食者可乘之機。

那麼，格陵蘭鯊又是怎麼捕捉海豹的呢？雨果已經知道答案，不過呂德森和他的同事也找到了解答。這些格陵蘭鯊腹部，已經裝了太多的海豹肉，因此鯊魚食用海豹腐屍的說法並不成立。這些海豹必然是被活活吞食。但是，那是怎麼辦到的呢？研究員在幾頭格陵蘭鯊身上安裝感應器，再將牠們放回。測量結果顯示：格陵蘭鯊的游速，確實比海豹與其他所有魚類要慢。沒有任何跡象顯示，牠們能夠進行短程衝刺。因此，在正常狀態下的獵捕中，牠們無法獵食游速比牠們快的物種。答案在於：環斑海豹、港海豹（steinkobbe）、髯海豹與冠海豹，都是高等哺乳類動物。這帶給牠們許多優勢，但也導致一個很嚴重的弱點。牠們的睡眠方式和我們大致相同：深沉、雙眼緊閉，左右兩半腦均進入休眠狀態（這就是所謂的雙邊平衡睡眠（bilateral symmetrisk søvn）[85]。海豹就躺在海底熟睡著，或許夢到魚群、交配、玩耍、親屬，或者是……嗯，要是能知道海豹到底都夢到些什麼，一定很有趣。睡在冰上或水面上的海豹，可能處於快速動眼期睡眠（rem-søvn），人們可能要把一艘摩托小艇開到牠們身邊，牠們才會驚醒，有所反應。冰上，北極熊是很大的威脅。海底，好像比較安全一點，牠們或許可以淺睡一下；不過，深海處也不會比較安全。一條雪茄狀的陰影，緩慢無息地在海底游動，尋找食物。牠很有耐心，專注地搜索著海底平面，雖然半盲，鼻子上卻有一項祕密武器：能夠捕捉電磁信號的壺腹（ampullene），形同於追蹤生命跡象的雷達。熟睡中的海豹，鐵定是極易得手的獵物。

格陵蘭鯊緩慢接近，然後用兩排鋸齒般的牙齒咬住獵物。當海豹猛然驚醒時，牠已經陷在格陵蘭鯊惡臭不堪的口腔裡，準備被撕成碎片。也許牠已經被驚恐所癱瘓了，牠從美夢中驚醒，所面對的，就是生命中最後這場短暫的噩夢。這讓我想到德國導演韋納．荷索（Werner Herzog）所寫過的一段話：「海中的生活，想必是一場噩夢。一片廣大無邊、殘酷的地獄，永遠充斥著迅疾的危險。包括人類在內的幾個物種，想必是受夠了這片地獄，才會爬行逃到由乾燥陸地所構成的大陸上，讓這堂關於黑暗的課程延續下去。」[86]

「噢，幹，」雨果邊感嘆，邊補充道只有笨蛋才會對大海有這種看法。

「那格陵蘭鯊又是怎麼捉魚的呢？」我煞有介事地問。

藉由在格陵蘭鯊身上安裝先進的訊號發送器，呂德森和他的同事掌握了許多關於鯊魚移動路線的知識。他們在斯瓦巴島西岸，於鯊魚身上安裝了這些發送器，根據設定，這些發送器至多會在兩百天以後鬆脫。有些鯊魚在格陵蘭上浮，其他則在巴倫支海以南的俄國領海上浮。有許多發送器最終未能收回，原因可能是這些背上安裝發送器的格陵蘭鯊潛在冰下，而機器就在那裡鬆脫。一條鯊魚在五十九天內游動了一千公里，考量到格陵蘭鯊緩慢的游速，這是相當驚人的距離。大致上，鯊魚將自己保持在相對水淺（深度介於五十與二百公尺之間）處。然而，其中一條鯊魚到達測量儀器能運作的最大深度（一千五百六十公尺），牠想必下潛得更深。呂德森與其他研究人員也發現：通過白令海峽，棲息於大西洋與太平洋的鯊魚，進行某種形式的聯繫與交流。

無論如何，從格陵蘭鯊肝臟與體內油脂中所採得的樣本顯示：生態系中，許多毒性最強、最難分解的生態毒素都匯集到北方地區，甚至一路直達北極，最後進入包括格陵蘭鯊在內等極地動物的體內。某些類型的毒素使物種的性別受到改變，其他則能摧毀繁殖能力，並導致癌症與眾多疾病。一頭北極熊的死屍，會被歸類為有毒廢料，而格陵蘭鯊體內的毒物，可比北極熊還要多。

一如往常，我們乘著橡皮艇在挪威西岸峽灣航行，行經森林、峽谷、山岳、小丘、沙漠與平原等，看不見的海底景觀之上。天氣晴朗而平靜，平緩的波浪猶如閃爍的魚鱗。通常，我們在外海航行、隨浪顛簸時，周遭沒有其他船隻。也許，我們會看到一艘現代化塑膠的小漁船在這個區域捕魚；如果天朗氣清，還能看到船橋上裝有照明設備的拖運船無聲地進出挪威西岸峽灣，朝納爾維克（Narvik），沿著離我們十公里遠的水道行駛。我們從未看過私人擁有的休閒小艇，不過，這時卻有一艘RIB小艇朝我們滑行而來。它彷彿已經發現我們，但仍朝我們接近。雨果與我四目相對，這個情況，讓我們想到那次我們離開旗幟灣，在天使島與史提根大陸之間行駛的經驗。當時，那是個晴朗的夏夜，海面平靜；即使已近半夜，太陽仍舊高掛。我們在海上沒見到其他船隻，雨果將十四英尺小艇加到全速，朝作為我們目的地的漁場前進。我就坐在船艏，當船身持平後，我就從前方擋住了雨果的視線。但是，當時除了閃亮的海面以外，沒有其他物體，在我們出海時已確定過情況如此。我背對著雨果而坐，面對著船的行進方向。十分鐘以後，突然間他上半身旋轉九十度，我看到他的臉部抽搐了一下，同時轉動外置式馬達的手柄使小艇急傾向左舷，重力將我整個人甩向右舷。我竭盡全力抓穩。百分之一秒以後（是的，電影以慢動作鏡頭拍攝時，就是這種情況），我直盯著兩個人驚慌的臉孔，雙方距離是如此接近，我甚至完全可以伸出手問候。我們和對方的小艇擦肩而過時，他們二人都站起身來，而當我們船身所產生的波浪擊中他們時，他們正在摔向舷邊。

兩人以和我們相同的方式出海，他們打算釣魚，但最主要還是想在天候完美的夏夜裡，享受海上美好的時光。整整有十分鐘他們瞧著我們接近，他們想必越來越不安，焦慮地交換著眼神，問對方：我們是否該稍微拐個彎避免相撞呢？也許他們還互相安慰：我們一定已經看見他們了。除此之外，沒有別的可能性。

要是我們的小橡膠艇在峽灣正中央、視線非常良好、完全無風的情況下，和他們的小橡膠艇對撞，這絕對是這段海岸幾十年以來，最白癡的意外事故。四個人都會被波及的。事後的研究與報告都會認定：我們蓄意撞擊另一艘船。就在我們相視而笑時，我問雨果：

「兩艘船以這種方式意外相撞的機率有多高？幾近於零吧？」

「那你就大錯特錯了，」他答道：「他們擋在整條水道中心處，水道相當狹窄，而且淺灘密布。所以如果我們沒有從一開始就發現他們的話，撞上他們的機會一點都不小。或者說，簡直是非常大。」

在距離只剩下數公尺時，雨果突然看見兩個人像瘋狂的木偶劇場一樣，在我頭部兩端驚惶失措地來回奔跑，直到他們完全停下船為止，其中一人嘗試開動外置式馬達。

隔天，我們就在史提格海姆（Steigarheim）的一場音樂會上，見到這兩名男子。其中一人非常生氣地走向雨果，質問我們到底在搞什麼鬼。他們當時已經準備要跳海了，而且他們還沒帶救生衣。雨果則回答，我們有帶救生衣。他還不忘補上一句，根據法律規定，出海是要準備救生衣的。

這艘在史柯洛瓦島燈塔外圍水域高速接近我們的 RIB 小艇及時轉向，繼續繞著小島行駛。

一如往常，強烈的洋流把我們帶到遠方。雨果開啟馬達，我們朝岸邊航行，準備釣些小魚當晚餐。同時，他還教了我幾個新單詞。他指向陸地，陸地上一道岬角朝我們的方向伸出，一路延伸至海中。雨果說，這種水下型的岬角就叫作**海岬**（snag）。許多漁民仍保有豐富的詞彙量，來形容不同的海底狀態，或者比如月暈重要的細微變化。

陸地上的景觀不用說會延伸到水下區域。要是我們將海水全抽乾，就會更明顯了。但我們又該怎麼處置這些水呢？我想起一則古希臘的故事。如果我沒記錯，一位年邁的國王和人打賭。要是他賭輸了，就得將海水抽乾。不久以後，這場賭局的贏家前來拜訪國王，並問他：準備何時開始將大海抽乾。國王回答：他只是在等著這位幸運的贏家去堵塞住所有從河川中流進大海的水。因為這項工作可沒包括在當初的協議裡。

海岬的邊緣分布著許多魚類，過了一兩分鐘我們捕到一些小的黑鱈，可以當晚餐了。像這樣的一個日子，挪威西岸峽灣看起來簡直是純淨無瑕的天堂。不過，真相絕非如此。即使這裡已經屬於開放式海域，激烈的洋流使物質無法堆積，但我們仍然看得到塑膠物質在海中堆積或流動。它們也許是被當地工廠排放出來的，或是從遠處海域漂來的。世界上的各大洋，其實就是一道內部相互流通的系統。

二十年前，一艘從中國出發、準備駛往美國的貨櫃船，在太平洋上遭遇冬季風暴。其中幾個貨櫃鬆脫，貨物被撞開，落入海中。兩萬八千八百具塑膠製的洗澡玩具——藍色海龜、綠色青蛙和黃色小鴨——全都隨著海流在世界各地流動。有位作家在全球各地追蹤這些黃色小鴨，甚至一路回到當初生產它們的中國工廠。他後來針對這件事寫了一本書，標題就叫《黃鴨記》（*Moby-Duck*）[87]。

就像其他塑膠製品一樣，這些小鴨在被分解為微粒子以前，是不會下沉的。塑膠與它們所含有的許多毒素，是經過千年也無法分解的。一部分是來自我們清洗人工合成的纖維織物時，洗衣機流出的洗滌水。海流使由塑膠堆積而成、巨大且不斷旋轉的島嶼，聚集在特定位置，呈螺旋狀轉動。太平洋上這一漩渦狀的島嶼，據報面積竟可達半個美國德州那麼大。另一塊污染區，則正在北方的巴倫支海海域堆積。就連偏遠、冰冷的巴倫支海海底的螃蟹，肚子裡也都裝著塑膠。當塑膠被分解為微粒子時，它們會被浮游生物所吸收，或沉入海底，而海底動物就會將其吞食。

這段關於大浴缸洗澡水裡上下擺動的黃色小鴨故事，可真是一點都不可愛。科學家對挪威海鳥進行化驗時，每十隻之中便有九隻的胃囊裡含有塑膠。海鳥是無法消化塑膠的，而塑膠更使牠們無法吸收養分。每年，據信有超過一百萬隻海鳥與十萬隻以上的海洋哺乳動物，死於塑膠製廢棄物。

在游動時張開大口的鱈魚，腹部可也是裝滿了塑膠。有時年幼的抹香鯨會在地中海沿岸擱淺，死因通常相當神祕。然而，當人們對其中一頭抹香鯨的遺體進行解剖時，在其腹部發現重達十七公斤，無法分解的塑膠廢棄物。最有可能的死因，就是由西班牙南部許多溫室所排放出的大型、厚重塑膠板[88]。

在挪威這裡，我們「虐待」大海的程度也不遑多讓。峽灣中，養殖漁業業者被容許盡其所能地排放出毒素。拖網漁船將鐵製阻柵安放到海底，所留下的只剩一片不毛荒漠。直到近年，我們還認為珊瑚礁只生存於熱帶、水淺的海域中。然而，我們的海岸外其實就有著無數的礁脈。

目前為止，人類所發現過的最大規模深海礁脈，就位於羅浮敦海域最深遠處的勒斯特（Røst）外海。其長度接近四十公里，寬度為三公里，位在英加爾（Eggakanten）陸棚附近，地勢崎嶇的海底，水深超過三百公尺。珊瑚可謂地球上最長壽的有機體，而位於勒斯特外海的礁脈（為冷水珊瑚屬〔Lophelia〕），壽命約為八千五百歲。這可是比僅一個世紀前，人們所認知的地球年齡還要長久得多。漁民始終都知道珊瑚礁內是生機蓬勃的。大量魚隻和海底動物在珊瑚叢內獲得食物來源與保護，其中包括高度可達五公尺紅色或粉紅色的泡泡糖珊瑚（拉丁學名為 Paragorgia arborea）。然而，當拖網漁船用鐵製阻柵籠罩住海底時，只消幾秒工夫，珊瑚礁就淪為一片廢墟。拖網漁船確實能用這種方式，在珊瑚礁上滿載而歸，不過這種做法只能成功一次，等於是殺雞取卵。

這些色彩斑斕、生機蓬勃的地面，可是像瓷器般脆弱。當珊瑚礁被壓碎以後，得花上數千年才能長回原本的大小。短視近利的代價，可是非常深遠的。這就像是想把樹鋸斷，好摘下水果或果實一樣的愚蠢。

目前挪威外海大量的礁脈確實是獲得了保存，然而許多礁脈並未被勘測出來，而新的深海礁脈則持續在挪威外海與巴倫支海被發現。牠們通常已受到拖網漁船的嚴重破壞，珊瑚叢被擊碎的骨架四處散落著。石油公司已經獲得、也將繼續獲得在受保育的挪威珊瑚礁上或其附近，開鑿探油孔的權限。

機械繼續碾磨著。包括史柯洛瓦島外海的許多地方，已開放對巨藻（Tarer）進行拖網作業。這和科學家的建議是完全不相容的，更視近海漁民的抗議為無物。巨藻林（tareskogen）是小型魚類繁衍的地點，更是許多物種的棲息地。只因為有些人想靠販賣巨藻牟利，政府機關就允許他們將這麼重要、脆弱的生態系夷為平地[89]。他們一把攫取巨藻林所蘊含的資源，這已成價值數十億美元的產業。一條船，每天採收的巨藻可多達三百公噸。

在經歷挪威西岸峽灣美好的一天以後，誰又有餘力去想這種事呢？我和雨果也是如此。在吃完新鮮的黑鱈肉以後，我們就坐著享受日光浴。來自亨寧斯韋爾島、卡伯爾沃格與斯沃爾維爾的超級RIB艇持續開進史柯洛瓦島港灣，上面載滿觀光客。

這些遊客來到此地，就是要一睹被認為獨一無二、冠絕天下的美景。來自世界上其他地區的人們付出大筆金錢，想親眼一睹這樣的勝景。我深有同感。矗立於大海、使人屏息的山岳，冬夏二季變換無常的光影，雪白的沙灘，宛如帽簷、狹長陸地帶上那翠綠的青草，垂直山岳與小巧的冰河作為背景；海洋那寶藏般富麗的生機，還有古老、相對完整的人文景觀……是的，我們可以體會，為什麼羅浮敦海域會被一家又一家的國際旅遊雜誌社，形容為世界上最美麗的島群：它的觀光資源，真是太豐富了。

然而，這樣的評價並不是與生俱來的。我們對美的看法，是會隨時間而改變的。假如我們讀過早年關於羅浮敦海域景觀的描述史料，就能理解這一點。

古斯塔夫・彼德・布隆（Gustav Peter Blom）是地方法院法官，挪威史上第一屆國民大會在埃茲伏爾（Eidsvoll）召開時，他是與會議員之一。稍後，他還擔任過比斯克魯德（Buskerud）縣的行政官員。一八二七年，他來到挪威北部一遊。遊畢後，他在《一八二七年從北領地，途經拉普蘭地區至斯德哥爾摩遊後感》（*Bemærkninger paa en Reise i Nordlandene og igjennem Lapland til Stockholm i Aaret 1827*）一書中，描述了他的體驗與印象。布隆對羅浮敦海域的自然景觀，不只冷感，簡直是厭惡至極。賀爾格蘭海岸的景觀，可謂醜惡之至。至於羅浮敦，則更是「醜中之最」。布隆寫道見到這一切，他根本就**無法想到**什麼自然美景，只覺得真是敗興。「如果是抱著觀賞名山勝水的心態前來，羅浮敦真是掃興。那陡峭高聳的山壁直逼入海，房屋幾無立錐之地……這些地方之中，哪個最美、冠絕一時，根本無須討論；但最醜的，無庸置疑，就是法爾克斯塔德區（Flakstad）。那兒只有一塊光禿禿的山崖，位於被礁島與島嶼封閉住的狹隘港灣上，幾無可建築屋舍的土地。其上，還懸掛著一道高傲的山壁，威脅著要壓下來，將僅存的屋舍與港灣摧毀殆盡。」[90]

布隆從被我視為變化多姿、勝絕一時的美景，看到了沉悶、貧瘠不毛、毫無情趣可言的景觀。我和雨果此刻置身的羅浮敦東岸地區，根據布隆的描述，簡直醜陋之至。然而，羅浮敦西岸地區的狂暴性，可是無法比擬的；那裡的風勢狂暴、危險，自然景觀非常醜惡。

布隆描述了外羅浮敦地區最高峰的老頭山（Vågakallen），與大摩拉島上的商業聚落布瑞特尼斯（Brettesnes），因此他很可能到過史柯洛瓦島，史柯洛瓦島大約在兩地的中途處。每當我們置身於史柯洛瓦島燈塔外時，無論天空是起霧或是下雪，我們總能夠望見海拔九百四十二公尺的老頭山。布隆描述這座山很像「一個戴著帽子、腋下夾著帆的老漁民。所以才會被稱為『老頭（kallen）山』」。往東北方我們的反方向處，就是大摩拉島與小摩拉島。這兩座島的山大約只有老頭山的一半高，但離我們更近，也因此更易被察覺。

德皇威廉二世（Vilhelm II av Tyskland）和布隆完全相反。他深受挪威北部西海岸地區，尤其是羅浮敦海域的自然勝景所吸引。他想必動用了自己皇室的遊艇和海軍艦艇，進而觀賞到極北地區那馳名遠近的紫色光輝：「那斑斕宛若浮金的海面！無論是阿爾卑斯山或熱帶地區，無論是埃及或安地斯山脈，都是無法匹配的。」91

德皇威廉是在一八八八年，於柏林見到一幅畫作後，決心造訪羅浮敦。展覽者以照片為基礎，構成一幅全長一百一十五公尺的全景繪圖。這些照片是在位於大摩拉島正後方的迪格爾穆倫島拍攝的，如果它們是在現代拍攝的，我們的小艇就很可能跟著入鏡了。

德皇最為賞識的畫家，就是描繪羅浮敦群島的艾勒特・阿德爾斯滕・諾曼（Eilert Adelsteen Normann，一八四八—一九一八）。和克里斯欽・克羅格相反的是，阿德爾斯滕・諾曼成功地將羅浮敦海域的各種風貌，描繪出來。就像另一位挪威藝術家拉斯・赫忒崴所宣稱的，他一觀察那斑斕、閃爍的波光，就深深為之神往，也畫成了永晝那「浮金般的光芒」。要想用畫筆生動地描繪羅浮敦群島與海域的風貌，在當地生長，絕對是不可或缺的優勢。十九世紀末、二十世紀初描繪羅浮敦群島的著名寫實派畫家，無一例外，都來自本地。阿德爾斯滕・諾曼就來自挪威西岸峽灣南部入口處的沃格亞島（Vågøya）。古那・貝格（Gunnar Berg，一八六三—一九三）來自位於斯沃爾維爾的斯溫諾亞島（Svinøya），他的同鄉則是哈夫丹・豪格（Halfdan Hauge，一八九二—一九七六）；奧雷・尤爾（Ole Juul，一八五二—一九二七）來自亨寧斯韋爾的深灣（Dypfjord）；埃那・伯格（Einar Berger，一八九〇—一九六一）則是來自特羅姆斯郡（Troms）的雷恩島（Reinøya）。

雨果還是個小男孩的時候，曾經朝哈夫丹・豪格位於斯溫諾亞畫室的窗戶扔過雪球。他記得，這位畫家是個很有品味的老先生。阿德爾斯滕・諾曼則是雨果曾祖父的堂兄弟。

雨果的畫風抽象，但仍依循傳統。現在，他正準備著手繪製一幅比較偏向印象派、反而不那麼抽象的風景畫。

羅浮敦山壁宛如鯊魚口腔裡那一排排黝黑的利齒。數億年以來，海洋一直拍打著這道屏障，卻幾乎毫無作用，最後就連海洋也無法撼動羅浮敦山壁。從遠處看來，它像是一座無堅不摧的石製堡壘，而從許多方面來看，它也確實如此。

山壁的一部分山嶺，已有近三十億年的壽命。羅浮敦山壁主體的壽命或許不及此，但構成山峰的岩石的壽命，絕對能達到此一標準。

一如往常，我帶著一小捆的書籍，這次的書有許多和地質學以及早期地球史有關。當雨果再度進入紅屋幹他的木工活，以及水電與管線工人準備前來結束相關工作之際，我坐了下來，開始閱讀。

其中一本書探討地球的年齡。一六五〇年，愛爾蘭主教詹姆斯．烏雪（James Ussher）推算出：上帝乃是在公元前四〇〇四年十月二十二日週六——約下午六點亦即傍晚之際——創造了地球。烏雪主教關於這個主題的著作，受到廣泛閱讀與景仰。他和他的前人與後輩一樣，都引用聖經編年表，作為理論的依據。今天，他這種表述想必會遭人訕笑。但在主教所處的時代，可沒人想到過，地球在我們被創造出來以前，就已經存在了。

在接下來的數世紀，許多證據指出這種計算方式，簡直是大錯特錯，幾近於瘋癲。海面下深處，發現了大型海洋動物的化石，無論是山巔處，甚或是巴黎市下方的泥土，顯然在很久很久以前，都曾經浸在水中。這所有使人大感驚訝的水中生物，都到哪兒去了呢？很顯然地，許多物種就這樣永久消失了。

若干聰明才俊之士，包括英國天文學家愛德蒙．哈雷（Edmond Halley）（是的，赫赫有名的哈雷彗星就是以他命名）在內，試圖從河川導入大海的含鹽量，來推算地球的年齡。要使海水達到今日的含鹽度，地球的年齡顯然不只區區數千年。

十八世紀以後，哲學家與自然史學家開始體認到：地球的年齡最少也有好幾萬年之久。許多人因為害怕惹惱教會，不敢公布自己的推算結果。但是，烏雪主教的算法顯然是存在謬誤的。在地質學逐步被確立為一門科學以後，許多人感受到地球的年齡必定遠比聖經所宣稱的還要久，甚至也許長達數百萬年。泥土沉積物、受侵蝕的山岳與火山研究，都無疑地支持此一說法。很久以前，北美洲其實位於熱帶，印度則是一塊冰雪覆蓋的高原。地球上絕大部分地區顯然都曾經浸於水中。這一點似乎是不容否認，不過我們對此該如何解讀呢？難道山巔上的貝殼與魚類化石，不能證明大洪水真的發生過——即使它發生的年代，遠比我們過去所想的還要久遠？又或者證明了上帝能摧毀那些他不感滿意的物種？

蒐集化石因而成為一種時尚，連業餘愛好者也樂在其中。有些化石來自猛獁象（mammuter）、恐龍（dinosaurer）與海中的巨型蜥蜴（kjempeøgler）等已滅絕物種。那些被發現的牙齒，是如此奇特、殊異，引人關注。有些看上去像鯊魚的牙齒，但它們又過於巨大。也許，格陵蘭鯊和比如菊石（ammonitter，為頭足綱，如章魚和烏賊之亞種，有著外觀如羊號角的殼，其下並有三萬到四萬個不同的種類）又或三葉蟲（trilobitter）一樣的其他生物，就宛如活化石般仍生存在深海處？

關於地球年齡的問題，長期以來一直具有哲學與神學色彩。但進入十九世紀後，越來越多人體認到地球年齡比所有人所想像過的，都還要長久得多。因此，整段地球歷史在**我**

們出現以前，就已堂而皇之地上演了。這種說法象徵著和充滿宗教色彩的世界觀產生徹底的斷裂，因此一時難以為人所接受。地球不可能在區區數千年前，於短短六天內就被創造出來。突然間，在其他物種已生存了數百萬年、甚至也許是數十億年後，人類彷彿在晚近才登上地球史的舞台[92]。

我們慣於將地理與世界各部分的位置，視為恆定不動的。然而，從地質科學的觀點來看，實情遠非如此。這樣的範例不勝枚舉，而羅浮敦正是其中之一。十億年以前，構成今日斯堪地那維亞半島的板塊，位於接近今日南極點的位置。或者更正確地說，斯堪地那維亞半島和南極點位於同一位置。南北極點也是會四處漂浮，甚至與彼此互換位置的。

斯堪地那維亞屬於羅迪尼亞古大陸（Rodinia）的一部分，在隨後的數億年間，裂解成許多面積較小的大陸。其中一塊稱為波羅地大陸（Baltika），在數百萬年間和勞倫大陸（Laurentia，相當於北美洲與格陵蘭）合併，構成臨時性的歐美超級大陸（Euramerika）。在這兩塊大陸朝彼此飄浮、甚而相撞以後，兩者之間的海被壓縮，而在兩邊均形成山脈。勞倫大陸與波羅地大陸再度與彼此分離，新的海域則在這段過程中生成。這發生了不只一次，而是兩次。

而後，這樣的過程持續下去。三億年前，地表的大陸形成一塊相通的盤古大陸（Pangaea）。兩億年以後，連盤古大陸也裂成碎片。十六世紀末，佛拉芒（flamske）籍的地圖學與地質學家亞伯拉罕・奧特柳斯發現一件驚人的事：如果把南美洲東海岸與非洲西海岸擺在一起，這兩塊大陸就像拼圖一樣，結合為一。但直到德國人阿佛雷德・韋格納（Alfred Wegener）在一九一二年發表劃時代的大陸漂移說以前，盤古大陸的理論始終具高度爭議性。

流動的岩漿從地心噴出，撒落在古海洋上並結凍，進而生成新陸地。各大陸就像沒有錨泊地的船隻或大型浮冰一樣，在地殼上四處漂移。冰河期將它們擠壓在一起，宛如崩塌高樓建築中的一樓。地表板塊曾經破碎、結合在一起、互換位置，而後繼續漂移，來自其他大陸的殘骸則緊貼著，宛如撞擊後所留下的傷口。這些撞擊導致一系列的巨型造山運動，生成喜馬拉雅山（Himalaya）、安地斯山（Andesfjellene）、落磯山（Rocky Mountains）、阿爾卑斯山（Alpene）等山脈——還有羅浮敦山壁。

挪威西岸峽灣並非傳統的峽灣，而是一片由沉積物所構成的盆地。冰河期間，在斯堪地那維亞半島被數十公里厚的冰層覆蓋之際，羅浮敦山壁的頂峰幾乎一直從冰帽（nunataker）處露出頭來。實際上，羅浮敦山壁造成了冰往南移動。

位於我們正下方的挪威西岸峽灣水底，是一路蔓延數公里、質地圓潤的沉積石93。羅浮敦山壁的一部分是由地表上最古老、最堅硬的石塊所構成。它們的生成，約略和海中最初出現的單細胞動物同時。不過，羅浮敦山壁的其他部分是由勞倫大陸與波羅地大陸相撞後，年代較新的殘餘物質所構成。數百萬年內，這些大陸像電梯門一般朝彼此闔上（唯一的差別在於，它們不會在遇到阻力時彈開），擠壓著彼此，使大斷層塊突起，從一塊大陸漂動到另一塊大陸上。

羅浮敦、韋斯特羅倫與塞尼亞島一帶，宛如被剝光、岩層裸露的海岸，就是以這種方式生成的。

此外，羅馬作家與自然主義者老普林尼（二三—七九），是目前已知最早以「斯堪地那維亞」一詞，稱呼我們所處地區的人士。它意味著撕破、危險且受損傷的海岸。巨型冰川將陸地豁成碎片，使其成為充滿峽灣、小島與群島的今貌。而這當中就屬羅浮敦最為美麗——不過，景色美醜都是觀者的眼光在決定，是很主觀的。

羅浮敦的山壁，也絕非永恆、亙古不變的。然而，它已經是我們所接觸到的，最接近的一個。

32

傍晚的景致是如此美麗宜人，因此我們決定在挪威西岸峽灣裡繞一圈。山岳的倒影映現在海上，雨果說這樣的情景已有數月不曾出現了。他還宣稱：每次我北上來到這裡，天氣都好得不得了。當然，這遠非實情。不過我卻答道，我和一個向天氣施法的家族仍然有聯繫。雨果露齒而笑。

「你不相信嗎？那也沒差，反正它能奏效就是，」我說。

我們對彼此低聲談話，彷彿擔心被水裡的魚給竊聽到。這一整天都非常平靜。不過，現在我們看到西邊有所動靜。在那個方向，天空、雲朵、風與大海之間，似乎恆常產生著紊亂、引人心生不安的變化。那宛如一齣永恆的戲劇，而我們只能從遠處觀賞。因為只要我們一進入其中，那引人入勝的景致就消失無蹤了。

陰影透過那灰色的雲朵，籠罩在我們身上。光線彷彿穿過一個有色玻璃瓶的底部，進行折射。黑幕很快就要從東方逼近，我們所在的地球，毫無疑問，正要展開規模最大的遷徙行動。每天晚上，數十億的小型生物（包括磷蝦與不同類型的微生物），以及數百萬頭章魚，都會從深海處游上來，迎向表層那深具營養價值的海水。晨曦初探之際，牠們就遁回黑暗之中。

在這個季節，挪威西岸峽灣在半天之內，天候其實稱得上友善、宜人。然而，天氣基本上還是多變、易怒的。夜間漲潮時風勢通常最為強勁，彷彿與海水是共生、共存的。當洋流與風勢反向而行時，挪威西岸峽灣在一到兩分鐘內，就會滿布漁民口中俗稱**楊木**（poppel）的強烈波浪。

我們得班師回朝。但是，雨果還要先講一個故事。他在一九七〇年代從德國來到挪威以後，在從特羅姆瑟發跡的「新血」（Nytt Blod）樂團中表演。他們主打前衛搖滾，還有極盡誇張之能事的舞台秀，讓他們大受歡迎。其中一場在特羅姆瑟舉辦的大型音樂會，要以主歌手全身赤裸、被綁在十字架上的一幕，作為開場。

「故事還沒完喔，」雨果繼續說下去：「這一幕必須要煙霧瀰漫，當煙霧逐漸散去時，聽眾要能清晰地看到歌手。然而，煙霧施放機的電流短路，失去作用，導致歌手被掛在數以百計的觀眾面前，樂團卻還遲遲不能開始表演。最後，他大吼：『放我下來！夠了！』」

順便一提，這個樂團平時是在阿斯嘉特（Åsgård）的精神病院場地內進行演練。

雨果點點頭，發動引擎。沒一會兒，他就發現情況不對勁。外置式馬達之前才進過修理廠維修，但是卻使不出應有的馬力。聲音相當微弱，他還聞到從後方傳出的燒焦味。很顯然地，維修並沒達到應有的效果。我們設法回到了史柯洛瓦島，但卻必須把馬達再送回修理廠，而它甚至還不在島上。接下來這幾天，一切情勢非常有利於捕捉格陵蘭鯊，現在卻發生這種事，十分令人懊惱。

不過，我卻因此有了空閒時間，甚至連回程票也還沒有買，而且我曾滯留過比起史柯洛瓦島更糟糕的地方。我們還有足夠能從整個挪威西岸峽灣，引誘格陵蘭鯊游到任何地方的魚肝殘餘物；只要引擎維修完成送回，就萬事俱全了。

33

接下來幾天，天候竟是惱人地穩定，海面更是平靜得出奇。我們沒出海，不過我們會習慣這一點的。很快地，我們就會融入艾斯約德漁產加工廠和這座小島的獨特節奏裡。

作家茱蒂·夏朗斯基（Judith Schalansky）在二〇〇九年出版的《偏遠小島地圖集》（*Atlas over fjerne øyer*）中寫道：島嶼既是真實的存在，更是自身的隱喻。當我來到像史柯洛瓦島這樣的小島時，一般都會感到異常輕鬆、自由。生命，彷彿找到一種新的韻律，平日的壓力變得遙遠，不再重要。

島嶼，彷彿就是一座迷你版的世界。它的地理形勢，人口與其故事性都有所侷限，因此不需多花注意力，易於掌握。生活變得簡單許多，某種洞察力於體內油然而生。丹尼爾·笛福（Daniel Defoe）的《魯賓遜飄流記》（*Robinson Crusoe*），也是這樣描述。魯賓遜·克魯索獨力生存下來，並獨自歷經了文明的不同階段：從漁獵與採集生活起步，而後進入農耕、畜牧，進而到建築、奴役、戰爭等等歷程，所涉及的技術也越來越先進。他終於來到資本主義階段，從會計學與獲利最大化等觀點看待這個世界。

在島上，他也了解自己的本性，轉而富於哲理性。他發現自己在荒島上，其實比在地球上其他任何地方都要快樂。他無所匱乏，就像惰性氣體中的自由飄動原子，想像自己是個小王國的皇帝或國王。然而，他與世隔絕，在某些時刻他把自己的孤獨視為來自上帝的懲罰。當鸚鵡對他說話時，他原有的恬適感竟消失無蹤：「啊，可憐的魯賓遜・克魯索！你在哪裡？你去了哪裡？」然而，當他在沙中發現別人留下的腳印以後，他才真正感到驚惶失措。

一座島嶼可以是天堂，但某些時刻也可以變成一座監獄。在一座島上，人心很容易就想入非非。如果一切順利，小島確實可以是躲避大陸上混亂與毀滅的良好避風港。也許過了一陣子以後，你會開始懷念自己起初想逃避的一切人事物。孤獨與隔絕感可以瀰漫整座島嶼。這時，你就不會再將自己當成是獨立王國中的皇帝或國王，反而會覺得自己是囚犯，四面八方都被水包圍。也許，秋天將隨著黑暗與靜謐悄然降臨。人心會渴望從大自然逃離，重新回到城市與人群之中。也許……你會聽見自己生命中陰影或鬼魂的嘆息聲。「島上的靜謐，其實本來就無關緊要。不管造成的影響多麼強烈，但沒有人談到它，沒有人記得它，也沒有人為它命名。對仍在世的人們來說，那是對死亡的小小一瞥。」[94]

有些人選擇背離俗世，在小島上棲身——一個永不被干擾的烏托邦。一座夠小、甚至使人能將自己的個性填滿空間的島嶼，在那裡不會對任何人有所眷戀。一些人可能會被某種執著纏住，他們產生了變化，開始更重視內在生活。不過，他們的個性並沒有太過渺小，島嶼面積也並沒有太大。作家勞倫斯（D. H. Lawrence）在較不為人知的小品《愛海者》（*The Man Who Loved Islands*）裡描述的，就是這樣的體驗。

大西洋上充滿神話色彩的小島，這些島嶼只在地圖學家、詩人的敘事以及想像中存在。阿拉伯世界十二世紀著名的地理學家穆罕默德・伊德里西（Edrisi）發現：大西洋上，至少有兩萬七千座島嶼。真正的答案，應該只有幾十座。歷史上被派出去尋找根本不存在的探險任務，是何其多呢？只不過，水手們指證歷歷，堅稱這些島嶼必定存在，而又沒有人能糾正他們無邊無際的幻想。這些敘述往往栩栩如生，使得其他水手相信自己亦曾踏足過那裡，他們因而能填補上關於這些不存在島嶼的知識缺口。

我常在退潮時在小島上散步，這樣的小島通常都沿著海岸線分布。就像絕大多數人一樣，我對潮間帶情有獨鍾，小時候總喜歡在那兒玩耍，在這片位於海陸之間的區域逗留。濕滑的石頭、貝殼、造型像雕刻作品的漂流木，或是其他被海流帶上潮間帶的小東西，被撿進口袋裡，擺在壁爐架上，或廚房的窗邊。也許，浮上潮間帶的還有一個來自地球另一邊的瓶中信。童年時，有那麼一次我也曾寄出過瓶中信，信件內容是我被困在一個荒島上、走投無路。由於我在挪威極北部的芬馬克長大，這其實很符合實情。

許多人在度假期間到前灘去，有些人是在海邊有度假屋，有些人則到南方的海灘去。這一切，是再自然不過了。如果你把一個塑膠水桶、一把鏟子交給一個小男孩，他就會一整天泡在沙灘上。他會渾然不覺自己著了涼，肚子餓，彷彿和這片充滿沙粒、波浪、水分與石塊，多鹽的天地融合為一了。他可能裸露著上半身，在浪尖奔馳著，或是聚精會神地用沙堆著水壩、運河或其他建築物，宛如一個認真負責的工程師。希臘哲學家赫拉克力特

（Heraklit，前五三五—四七五）很確切地寫道：「歷史就是一個在海邊堆沙堡的孩子。」

一根骨頭從海中漂流到岸上，它似乎屬於一頭駝鹿或一頭馴鹿。所有含有機物與能量的元素，都已從骨骼組織那微小的孔隙中被沖刷殆盡。現在所剩下的，只是一片僵硬、濕滑的礦物質。那灰白、多孔的骨骼非常輕，也不再像過去那般閃亮。它的表面慘淡而無生機，吸收著光線。所有的軟骨、肉塊與脂肪都僅是短暫的覆蓋層，早已被海水沖刷殆盡。

第一批爬上陸地的水中生物，生存在泥盆紀（devon，距今約四億年前）。持續以系統化方式研究泥盆紀化石的英國研究人員，發現一件驚人的事實。最初在陸上棲息的生物，其下頷與牙齒作用在於撕裂肉塊，而不是咀嚼食物。牠們的眼睛長在頭頂上，也沒有脖子。總之，地球上最早的動物是長著魚頭，用牙齒將同類撕裂成裡脊肉塊的猛獸。這些有著魚頭的怪獸，縱橫地球表面竟達八千萬年之久[95]。這種畫面，一旦在我們腦海中定型，就很難磨滅了。

整個挪威西岸峽灣，就在史柯洛瓦島的外緣，盡收我眼底。天氣晴朗時，視線可以朝西南方一路延伸。如果我登上山丘，就能望見博德以外的韋島，以及蘭德哥德島（Landegode）。也許，我的視線還能達到羅浮敦內海最外緣的勒斯特島。正前、朝向東南方處，就是史提根及其所屬的島群。呈深灰色的雲，營造出一道溫煦、柔和的反光，不刺眼也不和其他光線揉合，但卻呈現出柔軟的輪廓，以及微弱的對比。「涕泗綠、銀藍、鐵鏽：泛著斑斕色彩的標記。」[96]

退下的潮水，留下一些小水灘，其中一處水灘裡，幼魚正在游著。一隻海鷗，形單影隻地停坐在一塊石頭上。當我撿起一叢海藻時，沙蚤就如箭矢般從各個方向四散，儘管已經無處可藏。

前灘是海洋與陸地間的邊界區，它也是生死之間的邊界區。那是真實的，至少在維京海盜的世界裡，潮間帶都被用來作為處決仇敵或人犯的地點，處決的方法可謂五花八門、無奇不有。許多人被綁在圓柱上，而後任由潮水「完成自己的任務」。在奧拉夫．特里格瓦松（Olav Tryggvason，十世紀末葉的挪威國王）的薩加故事裡，以精簡的篇幅描寫了「歡笑島礁」（Skratteskjær）上關於賽茲（seiðr，一種薩滿教巫術）信仰者的故事：「之後，國王將這些人全集中起來，在海水漲潮時，把他們送到礁石上，綁在那兒。艾溫德（Eyvind）和其他所有人就這樣全數喪命。從此以後，那裡就被稱為『歡笑島礁』。」[97]

我童年時也曾經歷過類似的事情。我們將一個同伴綁在潮間帶上的一根柱子上。一會兒以後，所有人都消失了。我還記得，當時我得回家吃晚飯。一個偶然間經過此地的成年人，聽到一個頭露出水面的小男孩厲聲呼救。當時，海水水位已經高過他的胸口。

潮間帶不是陸地也不算海域；它，介於兩者之間。所有能夠適應這種環境的有機生物體，等於同時跨足兩片迥然不同的天地。前一刻，它坐落於水面下；下一刻，它又變成幾乎完全乾燥的陸地。牠們必須承受鹽分、水分、風雨與乾旱，還要躲避一切會吞食牠們、來自陸地與海上的敵人，甚至還要防範從天而降的飛鳥。就像在海上一樣，關鍵在於尋找安全的避難所與食物；當力道強勁，足以將礫石帶往海岸的波浪沖來時，牠們還必須使自己站穩腳跟。

因此，所有生存在潮間帶的生物都具有極端的特性。螃蟹（Krabbene）、蝸牛（sneglene）和雙殼貝類（skjellene）的外殼，簡直堅不可破。許多物種在潮水降臨時，會將自己埋進沙中。革窄額互愛蟹（Pyntekrabben）或稱「裝飾蟹」，會用水藻來加以掩飾，使天敵無法看見自己。這看起來實在不怎麼有「裝飾」性。不過革窄額互愛蟹的殼上都長著小鉤，能夠固定棲息地的海藻、水草，或任何漂過的東西，使螃蟹能夠根據周遭環境變換身體顏色、宛如身穿迷彩裝。有時，我真覺得牠們是海上的流浪者，有時又像是想跟大家融合的生物。

就像螃蟹一樣，許多物種的蝸牛能在水中與陸地生活。起先，寄居蟹（Eremittkrepsen）並沒有天然屏障，因而牠們在行走時總背著一具貝殼。一旦發生危險，牠們就迅速縮進殼裡。寄居蟹其實就是佔屋者，必須時常遷徙，過了一段時間牠會長大，因而必須更換住所。

笠螺（Albuesneglene）則是逐食物而居者，牠們總會緊緊吸附在礁石上，吸附的力道是如此強勁，以至於人們必須用特製工具將牠鬆脫。牠們是可食用的，但我在挪威卻從未能一嘗牠的風味。笠螺的牙齒，厚度只有人類毛髮的百分之一，研究人員已經發現，這牙齒可是由地球上最堅硬的生物質所構成。這種混合物，包括一種叫作「針鐵礦」（goethitt）的物質（其名稱得自於德國大詩人約翰．馮．歌德〔Johann Wolfgang von Goethe〕）。那時

海膽（Kråkebollene）其實也是可吃的，不過海膽卵只有在冬季產卵期前才有。那時就可以把牠們的卵刮除掉，這種卵可是威力最強的海中靈藥。我們在山壁上處處可見摔碎、內部空無一物的海膽殼。這是因為烏鴉與海鷗常在退潮時攫住海膽，然後從二十公尺的高度將其拋向山壁，使海膽外殼碎裂，讓藏在殼內的食物比較容易啄食。

歐洲沙蚤（Tangloppene）跳躍於石塊之中。牠們的幼蟲就潛伏在低潮線水位下的海藻和水草裡，以及藏在海葵（sjøroser）之內。歐洲沙蚤藏在指狀海雞冠（dødmannshender，拉丁學名為 Alcyonium digitatum）的觸手之間，躲在海鰓（piperensere，拉丁學名為 Virgularia mirabilis）的纖毛裡，或藏匿在海膽的棘刺之間。海膽的口器能夠對稱地開闔，宛如冰鉗一般，在生物學上被稱為「亞里斯多德燈籠」（Aristoteles' lykt）。

浸濕的白沙，使我想到那些受到羅馬士兵迫害、使用祕密符號，測試彼此是否能互相信任的早期基督教信徒。當他們見面、並懷疑對方是否屬於同一教派時，其中一人便在沙上畫個長長的拱形。假如對方畫出一個新的倒過來的拱形，並與第一個拱形相交，這道「密碼」就完成驗證了：最後完整的圖形顯示為一條魚。耶穌基督早期的門徒，絕大多數在成為「得人的漁夫」（他們的自稱）以前，都是討海人。

潮間帶的深度相當可觀。日月幾乎成一直線，其重力獲得加乘效果。海洋蘊藏地表百分之九十七的水分，而地表上所有的水就在此時被拉往同一方向，直到抵達陸地為止。在挪威越往北行，小潮與大潮之間的水位差距就越大。

昔時，海岸線的居民會在潮間帶上採集鳥蛤（hjerteskjell）與北極蛤（kuskjell）。北極蛤會遁入沙中，但在沙上留下小洞。假如將裝有釘刺的釣竿伸入洞中一探，北極蛤的殼會闔上，這時就能將牠拉出來。僅僅幾代人以前，人們還會在鳥蛤與北極蛤的肉上撒點鹽，作為羅浮敦鱈魚季時的釣餌。

一條大型水母最近被沖上岸來。牠的觸鬚外張，宛如數以千計的小魚叉或魚鉤。攫食獵物時，牠會在水柱中下沉，觸鬚伸向兩側，就能讓牠觸及所有獵物——當然只有在牠還活著時才會這樣做。我實在說不準，究竟是什麼外力使這隻水母送了命，而我也無意針對牠進行驗屍調查。而我的潛意識也伸出它的觸鬚，將多年前的漂流物帶到表層上。我最初的記憶之一，就是在芬馬克東部一處荒涼的海灘上，將雙手挖進一具擱淺獅鬃水母的軀體裡。那鐵定是因為，我以為牠是果凍，或是在手指間感覺冰涼，某種不黏手的綠色或紅色史萊姆。那時候工廠常將這種用工業廢棄物回收製成的產品，賣給我們這些小朋友。我仍然清楚記得，那股宛如被蕁麻草刺到的疼痛感，漸漸變得強烈。一八七〇年，一頭獅鬃水母在麻薩諸塞灣擱淺，牠的直徑遠超過兩公尺，重量很可能超過一公噸。南太平洋海域棲息著一種澳大利亞箱形水母（kubemanet），能以螫刺在短短數分鐘內讓一個成年男性的心跳停止。

而另一種剛水母亞目（Narcomedusae）的水母，也是惡名昭彰，絕對是惹不起的。作為一種生命形態，水母已經度過了數次大滅絕。牠們能在酸性水域中生存，天敵不多，就像無腦、無魂的殭屍般四處游移。水母也並不怎麼需要氧氣。牠們已經度過數次消滅地球上近乎其他所有物種的重大危機。

過去五億年以來，地球上已發生過五次災難性的大滅絕。最近這一次，就是赫赫有名的「白堊紀—第三紀大滅絕事件」（Kritt-paleogen-utryddelsen）。它發生於距今六千五百五十萬年前。它之所以如此有名，就是因為恐龍（除少數幾種小型翼龍目物種以外）在這次事件中滅絕。

一顆是史柯洛瓦島好幾倍大的隕石，以七萬公里左右的時速，撞進了今日的猶加敦半島（Yucatánhalvøya）上。據估計，造成爆炸的威力相當於數億顆氫彈。這大概是從生命出現以來，地球史上最悲慘的一天。美洲大陸的大部分區域被撞成粉末，其餘部分則籠罩在一片陰暗、窒息般的塵霧中。強大的海嘯改變了大陸的形狀。這道塵霧掩蓋了大氣層，使太陽在數月、甚至數年間無法拋頭露面。當時覆蓋地表的森林，絕大部分被燒毀。接著，天空下起酸雨，海洋在數百萬年的時間裡，變成一座硫磺池。

而這甚至還不是威力最強大的滅絕事件。發生在距今兩億五千兩百三十萬年前的二疊紀—三疊紀滅絕事件（Perm-trias-utryddelsen），影響範圍更廣泛。也許是位於今日西伯利亞地區的巨型火山噴發，導致了這次滅絕——而當時，盤古大陸正在形成中。

熱能使永凍層融解。數百萬年以來，原木料始終堆積在沼澤裡與林地覆被物之上。火山噴發導致大火，地球簡直變成一座炭烤架。大氣層中堆積了新的溫室氣體，導致一系列的雪球效應，尤其是在海洋，開始釋放沼氣。當中的關聯性其實不太明確，但結果被研究人員稱為「大滅絕」或「一切滅絕事件之母」。海水的酸化與升溫，導致產生毒素細菌菌種的大量生成。當時，海中百分之九十六的物種——即當時海洋現存的大部分生命——就在這次事件中消失。此外，海洋不只失去了結合碳的能力，還釋出大量溫室氣體[98]。大氣層充滿煙霧與氣體，海水已經被毒化。

數億年以來，在魚類登場以前，三葉蟲才是海中霸主。牠們有許多不同的變種，長度介於一公釐到一公尺之間；有些能夠游動，其他則在海底爬動；有些吞食浮游生物，其他則以更小型的獵物為食。牠們外觀類似螃蟹與龍蝦（hummer）的混合物，即使其中一些物種有著螯刺或釘子般的尖角，但牠們是沒有觸臂或腿部的。由於牠們的數量是如此繁多，還有外殼保護，這種生物被留存在化石中的數量，也就相當龐大。光是在挪威，就已確認出現三百種左右的三葉蟲化石。然而，在二疊紀—三疊紀滅絕事件接近尾聲時，這生命力一度如此繁茂的生物，氣數終於到了盡頭。每種三葉蟲均告死滅。在這場「大滅絕」告一段落時，只剩下極少數生命力強健的個體存活。地球上的生命形態，必須又花上數百萬、甚至千萬年的時間，才能再度站穩腳跟。

距今四億五千萬年以前，今日鯊魚的始祖就已經在大洋中游動了。不到一億年後，鯊魚的分布範圍是如此廣泛，使科學家將這段期間稱為「鯊魚時代」（haienes tidsalder）。其中，也有許多鯊魚物種遭到滅絕，包括巨牙鯊（Carcharocles megalodon，其長度接近二十公尺，重量上達五十噸，下顎開展時達兩公尺寬，口腔中布滿利齒，每顆牙齒的體積相當於威士忌酒瓶）。另一在距今三億兩千萬年前滅絕、但體積小得多的生物，叫作胸脊鯊（Stethacanthus，又名鐵砧鯊）。牠的背上有著頭盔狀結構，其背鰭通常就位於這道結構之上。這道結構滿布著指向正前方的牙齒。胸脊鯊身體上這道「裝置」究竟有何作用，只能任由研究人員去揣測了。

鯊魚很可能是演化天擇過程中所創造出最頑強、適應力最佳的大型動物。牠們從火山噴發、冰河時期、隕石撞擊、寄生蟲、細菌、病毒、海水酸化和其他由大滅絕事件所造成的災難中，倖存下來。恐龍出現時，牠們早已存在地球多時。在恐龍與難以數計的其他物種滅絕後，牠們仍安然無恙。現時大約有五百種的鯊魚，在世界各大洋中游動，最近四十年來，人類只發現其中約一半的物種。其中一些物種數量已經稀少、面臨滅絕。另一些分布範圍仍然廣泛，且子孫繁盛。

現在世界上幾所頂尖學府享負盛名的學者，在《科學》（*Science*）與《自然》（*Nature*）

等重要的科學界期刊中寫到，我們已經進入第六次大滅絕的初始階段。「大滅絕」的前奏，歷時數十萬年。今日，物種消失的速度是如此之快，以至於科學家將此比擬為在區區數百年間，奪去所有恐龍性命的大滅絕事件。物種滅絕的背後動力在於失去棲息地、外來物種的引入、氣候變遷與海水酸化[99]。

我們知道是什麼因素正在造成第六次大滅絕。我們在地球上存在不過數千年，分布範圍卻已經遍及世界各個角落。我們人丁昌盛、子孫眾多。我們已經覆蓋了地表，將地球踩在腳底下。人類，已經主宰了海中的魚類、空中的飛禽，還有在地面上爬行的所有動物。

海洋的化學性質也正在發生變化。過去一度生意盎然的近海地區，現在已成死寂、缺乏氧氣的大片不毛之地。深海處，這樣的區域面積甚至更大。海洋對我們的重要性，不僅僅是最主要的氧氣來源而已，它還能鎖住大量的二氧化碳以及溫室氣體沼氣。沼氣對溫室效應的作用強度，是二氧化碳的二十倍。

氣溫與大氣層中的含碳量，都在節節上升。海洋對增溫的自動反應，就是吸收更多的二氧化碳。事實上，自從十九世紀初的工業革命以來，海洋已經吸收了人類二氧化碳總排放量的一半。

當二氧化碳在水中融解時，海水會變酸。海水的酸度已接近足以威脅雙殼貝類、貝類／甲殼類（skalldyr）、珊瑚礁、磷蝦和浮游生物；而這都是魚類賴以為生的。酸化的海洋，還會破壞魚卵與魚苗。包括海藻在內的許多物種，都因為海水增溫，而潛到水位較深處；其他物種則藉由往北遷徙維持生存。但是，沒有任何生物能自外於海水酸化。我們本身在有生之年應該體驗不到這一切，然而要是海水過酸，絕大多數中大型水中生物都會死亡。這些負面循環會彼此增強，導致整個生態系統崩潰。帶來生機的浮游生物會消失，有毒的浮游生物與水母則會存活下來。

當平衡遭到瓦解以後，各種不同的過程會同時啟動。例如：海水的酸性更強，會導致含氧量降低，結合新溫室氣體的能力也隨之降低。同時，海水也無法一直隨著二氧化碳在大氣層含量增加，持續不斷吸收二氧化碳。冷水吸收二氧化碳的能力比熱水好（這跟冷凍的瓶子會比溫的更能保存氣泡水裡的氣泡的道理一樣）。當空氣中的二氧化碳量增加以後，海水吸收大量二氧化碳量的能力就降低了——全球暖化的速度會隨之加快。氣候學家能預見最糟糕的情況，就是海洋開始釋出藏在海底與冰層中的沼氣。這時，雪球效應與回饋機制將一發不可收拾，氣候暖化的加速將是災難性的100。

在所有大滅絕事件（包括那些最初由彗星撞擊所產生的事件）中，海洋都扮演關鍵角色。海洋中的進程與循環是如此緩慢，以至於真正的問題浮現時，要想補救已經時不我予。海洋的反應時間，大約為三十年。

海水酸化的現象，自十九世紀即已開始。在最佳狀態下，海洋要花上數千年才能使酸鹼值回到工業革命起步時的水準。我們所知的海中生物，屆時都會消失。可能還有數以百萬計的物種，在我們來得及發現牠們以前就滅絕了。

如前所述，我們所吸入的氧氣，超過一半要歸功於浮游生物。浮游生物一死光，地球就不再適合人居了。到最後我們會像雙眼被挖出的魚隻一樣，躲在船底下不斷地張口喘氣。我們本應更妥善照顧海洋，然而這是一種自我中心的說法，因為一直以來其實都是海洋在照顧我們。海洋內部的變化所造成一部分的氣候變遷，最後當然都會影響到人類。在幾百萬年的時間內，海洋就能生成新的生命，重新找回充滿生產力的平衡。不過，我們可沒有幾百萬年的反應時間。我們和海洋之間的關係，可不像那種強烈的唇齒相依、彼此缺一不可的浪漫愛情故事。

從另一方面來說，和海洋之間不愉快的「感情關係」，也足以使一整個國家受苦。幾年前，我來到拉巴斯（La Paz，玻利維亞的最大城市），就發現了這一點。一八八三年，玻利維亞人對智利的戰爭失敗，因而割讓了整條海岸線。海岸線被智利人侵奪的往事，在國民心靈上留下一道深刻的瘡疤。玻利維亞人將此視為奇恥大辱，他們更從未放棄經由國際法庭仲裁，奪回這條海岸線。他們等待重新取回海岸線的同時，也試圖保持高昂的士氣。玻利維亞人建有一支象徵性的海軍，艦隻在的的喀喀湖（Titicacasjøen）上擺盪著，全國每年更將「海洋日」（Havets dag）列為國定假日，予以慶祝。那時小孩與士兵會在首都大街上列隊遊行；只有失去的才能永恆擁有，又或許連這個也不是。

沒了人類，海洋還是會過得好好的；沒有了海洋，人類的生存就無以為繼了。

34

從史柯洛瓦島海岸散步回來後，我在那一小片草坪上停下來，和在那兒行走、啃著草的馬兒聊聊。這時我的手機響了。是我的同居女友打來的，順便提一下，她有一雙如海洋般能變換顏色的眼睛。上次我從史柯洛瓦島回來以後，她就懷孕了。目前已她懷孕七週，一切狀態非常良好。

我們兩人都高興、振奮不已。我們開始關注胎兒每週的發育狀況。此外，我還長期閱讀了有關地球上生命的發展史，因而不由自主地將這兩者連結在一起，進行觀察、比較。

在她體內的，是一個被羊水所包圍的小生命正在生長。令人驚異的是：七週大的胎兒和魚苗極為相似，而這相似度還不僅止於外觀。胎兒的上半身，布滿突起物與拱狀物。這些「魚鰓狀」的隆起物在接下來數週內，會長成脖子與嘴巴。現在，就像一條魚一樣，胎兒頭部兩側各有一隻眼睛。耳朵則長在脖子最下方的兩側。將要形成鼻子與上唇的部分，則位於頭頂。我們所有人的上唇上方都有個凹痕，那就是在這個過程所造成的。如果某個環節出錯，銜接得不完全，胎兒出生時就會有兔唇或唇撕裂。

35

胚胎的身體各部位和器官，就像飄浮的大陸在體內到處移動，進入演化的不同階段。假如寶寶是個男孩，將形成睪丸的部分幾乎就位於心臟旁邊。在胎兒發育一段時間以後，兩顆睪丸會緩慢地移動到所屬的正確位置。它們必須盡可能保存在陰涼處。對絕大部分冷血的魚類（變溫動物）而言，這倒是無關緊要；牠們的生殖腺就位於心臟旁邊。

我們的老祖宗登上陸地，但我們體內仍有許多海洋的成分。那使我們具備吞嚥與說話能力的肌肉與神經，可都是在海洋中演進而來的。鯊魚和其他魚類使用肌肉與神經，移動自己的魚鰓。鯊魚與人類——格陵蘭鯊與我們——腦部的神經路徑有著相同的結構。兩顆腎臟與一對耳朵，也是過去在海中生存所留下的紀念品。我們的雙臂與雙腿，則是從魚鰭演進而來。我們，以及絕大多數的動物與鳥類，和魚類所分享的共同性，可都不僅止於皮毛而已[101]。

我可沒告訴女友，我們會生下一條魚，想當然耳我們不會。不過，否認我們從猿猴變成人的創造論者，倒是說對了一點——我們就像猿猴與地球上其他一切生物一樣，都源自海中。我們，是經過改造的魚類。

平淡無奇的一週過去了，雨果和我依然沒能出海，所以我到處遊蕩著。在這段賦閒期間，我開始問著我們到底在忙些什麼。由於雨果有很多事情要做，所以他開始問我我到底在做些什麼。我們之間產生了一些齟齬，或許我們再也看不到這一切背後的意義了。畢竟他住在這裡，做他平常做的事，而我常常來拜訪他，卻從沒把自己當成客人。每次，我好像都回到前一天的情景。我了解當自己在他們家裡作客時，已經和當地形勢合而為一，我彷彿心照不宣地被他們給「領養」了。但是，從另一個層次來看，我是個侵入者。我進出他們的私生活，把我的習慣和壞習慣，全帶了進來。即使艾斯約德漁產加工廠面積比許多城堡還大得多，可居住的空間卻不超過一小棟公寓房。我這個客人的「存在感」是很明顯的。阿拉伯人和其他許多民族都有一句很有道理的諺語：「過了三天，客人就會猶如魚般開始發臭。」

雨果和梅特要做的事多不勝數，舉凡木工、營建、遞申請書、各種安排——而我實際上完全幫不上忙。某天，我灌溉了前院和碼頭，卻將一切弄得髒兮兮的。我也從來沒學會將那扇木門確實關上，熱氣就這樣在小狗史酷比（Skrubbi）跑出門外後全部散失。

雨果與我絕少爭吵，但並非毫無前例。我相信我們事後都發現那其實是件雞毛小事，但當時我們還是互相羞辱了彼此。那次的「小事」，導致我們總共兩年沒有交談。

誰說雞毛小事不重要？這幾天在島上繞了幾圈以後，我開始出現憂鬱反應，對生命中許多事情感到不滿。我本該完成更多其他工作的。是啊，我們在史柯洛瓦島上奔忙的這一切，能算是工作嗎？我究竟還要到博德幾次，擾亂雨果和梅特規律的作息呢？

有一天，我直截了當地問他：

「格陵蘭鯊對你而言，到底有什麼好玩的？」

他停了下來，盯著我瞧，看來非常警惕。

「當我還小的時候，爸爸告訴過我關於許多海中生物的故事。但只有關於格陵蘭鯊的故事，總在我腦袋裡揮之不去。它很神祕、很恐怖。」

「可是……」

「坐在一艘橡皮艇裡，用舊有的方式將一條格陵蘭鯊釣上船——我有這個念頭已經三十年了。但是現在，我們這整個計畫卻失去了自發性。我是為了自己做這件事——不是因為別人會讀到，或是我想拿這件事說嘴。對我而言，只是想瞧瞧鯊魚的廬山真面目罷了。當看到牠從深海上浮時體驗那種刺激感。而我們一旦開始，就停不下來了。這件事我們必須完成。牠遲早會上來的。」

某天下午，雨果和我開了短途車抵達史柯洛瓦島西端，非常接近艾林．卡爾森舊燈塔的位置時，發現幾隻鸕鶿的羽毛豎起，拍擊著翅膀。雨果說，這很明顯是明天要下雨的前兆。我則說他未免太迷信了，並且願意跟他打賭一千塊，賭明天不會下雨。他拒絕了，而且顯得有點惱怒，或許在懷疑我是不是偷看天氣預報，而我確實有先看預報。隔天，一如我預期一滴雨都沒下，挪威北部地區簡直晴朗無雲。

通常，當遇到我倆都認為自己知道答案的問題時，都會很溫文地先問：「我能先回答嗎？」「好啊，」然後對方再回答。現在呢，我們直接就把答案衝口而出，想要將對方一拳擊倒。就連當我們一聊到食物時，空氣中就瀰漫著火藥味。他抱怨，我總喜歡炒大雜燴——他所言倒也不假——因為我確實曾在史柯洛瓦島超市的食品店買過兩次。

其中一次，發生在雨果每天下午必看的《德瑞克》影集時。他很可能是要維持自己的德語才看這部影集，也可能想將心理狀態返回到他在一九七〇年代定居過的德國。這部電視秀完整保留了那個年代的內在情感與態度。飾演連續劇主角（德瑞克探長）的演員是霍斯特・塔伯特（Horst Tappert），他在挪威北部的特拉訥于（Tranøy）擁有一棟房子。有一次，雨果在特拉訥于舉辦的一場藝術家晚宴中，正好就坐在這位說德語的「挪威朋友」對面。雨果認為，這位德國人很迷人，且彬彬有禮。我對此則指出：德瑞克探長在劇中，從來就不是這個形象。他經常在將常理道德教化與傲慢嘲諷的界線之間擺盪，他和同事與屬下的關係，大抵就是如此。對上級他總是阿諛奉承，他一見到義大利人，不管是誰，第一眼就認定對方是流氓、惡棍。在電視劇的第兩百八十一集裡，他有過兩個女朋友，不過這兩個女人很快就消失無蹤。我說這些話，只是要激怒他。一個風暴正緩慢地醞釀，也或許一個凜冽的**狂風**已經在海面上生成了。

隔天早上，我在雨果的小屋裡努力寫出一篇即將截稿的報導。雨果坐了下來，在隔壁的房間裡作畫。他正在畫的是一幅別人事先預購的作品，主題是勒斯特自治區上那三座知名的島嶼。這三座由大山形成的島嶼自海面上突出。早在幾個月以前，這幅畫就該完工了，幾天後一個熟人就會依約前來取件，把畫作帶回勒斯特。買主是勒斯特島上的居民，打算將畫掛在自己的小屋牆壁上。雨果的作品風格並不是自然主義，不過他認識買主，所以知道至少山壁是要能認得出來的。

這些山壁造型非常對稱，雨果對此感到有點掙扎，因為它過於完美。其中兩座山彼此緊連著，常常被比喻為女人的雙乳。它們旁邊則是一座較為尖銳的山頂。他的草圖視覺上看來相當不自然。實際環境中光線經常變形，對畫家來說要描繪光從海面上折射出、再投影到山岳上是不容易的。因此，雨果頻頻在畫布上擦拭，想調整陰影和顏色的效果。晚上看來很好，然而在日光下會產生一種庸俗、華麗的感覺，讓油畫失去一切深度。當我一來到時，他就問過我的看法。當我證實他自己的看法時，他看來鬆了一口氣。雖然我無法正確指出具體的問題，但我的印象是這幅畫沒達到他平常的標準。從現狀看來，這幅畫可能會讓人誤以為是出自業餘畫家之手。他過去的作品，從沒出現過這種問題。

「沒錯！這正是問題所在！」雨果說著，語氣並無諷刺感。這些問題，他看得比我清楚。

那符號般的山壁筆直地伸出海面，並肩而立。我們必須體認到，大自然有時看來真不自然。理應延伸無盡、直入永恆的地平線，需要深不可測的天空來塑造出假象，因此迅即在不經意間給油畫帶來過度的宗教色彩，而一旦過度渲染的話……我深切地感到，雨果費盡苦心。

但該死的是，他為什麼要把收音機開得那麼大聲？他每次到外面透透氣時，我都會把音量調低。背景傳來一連串空洞的新聞播報聲，加上被那來自北方芭樂歌手的惱人歌聲所打斷，我寫不出稿子來。我也有截稿期限的。或者更精確地說：我的截稿期限**已經過了**，現在正在加班，趕一份即將要送印的稿子。他平常都會用耳機，這次怎麼不用？他大概把它忘記在加工廠的某個地方了。

當然，這是他的家，我只是個客人。可是，我也是他的朋友。當我必須趕稿，被逼到走投無路的時候，總可以像朋友一樣（而不像客人那樣）對待他吧？我察覺到，他已察覺到自己把我惹毛了。一面紅旗豎了起來。情況似乎逐漸發展成他又擦又描、拿勒斯特島上三座山峰沒轍、水深火熱之際，這反而讓他能順便輕鬆一下。好吧，高聲播放無聊至極、充斥八卦的收音機新聞，也許是在工作到這個階段他發揮創意過程的一部分。也許破壞性元素的存在，能幫他把其他旁鶩都趕到一邊去。

每次一逮到他出去外面透透氣時，我就趁機把音量轉到最低。不過，他一回來發現後，就再把音量調高。衝突很可能一觸即發，這是我最不想發生的，但收音機的音量完全把我逼瘋了，我甚至連一行字都寫不出來，更無法理清思緒。

危險在於，這個情況可能會演變成某種「討論」，這會導致我的專注力完全崩潰。我現在要調動起來。因此，我努力隔絕溝通，像一塊沒有聽覺的貝殼般背對著他。雨果說話時，我不答話，我希望透過頸背散發出一股強大的負能量，讓他別煩我。這種策略很危險，它會很容易激怒對方，讓衝突升溫。我們在建築物裡，有超過兩千平方公尺的可用空間足以與對方保持距離。但是，我在交稿前需要使用網路確認一些資訊，而網路又只能在客廳裡使用。就算室外的陽光映照在長浪上，發出燦爛光芒，你的心情還是不會比較好。我們本來可以到外面釣魚，而不是窩在斗室裡，各自對抗截稿期限——要是我們有船就好了。

在我把收音機音量降低三次以後，雨果走了進來，用一種使我必須回話的方式對我叫嚷。我們的惱怒已經來到所謂的**洪水標記**（fallbrestet），也就是最高水位，衝突一觸即發。如果我再不安分一點，他絕對會把我從屋子裡攆出去。然後，**他**至少就能專心工作。他說他在工作時喜歡大聲播放收音機，他問我為什麼老是要把音量調低。去年夏天，當他準備要在畫廊裡懸掛畫作時，最需要沉靜和高度的專注力，而那時我卻反覆播放同一首歌。對於我這樣干擾他，又有什麼好說的？

我還是頭一次知道這事。很明顯地，他一而再、再而三向我暗示自己需要安靜，但我卻自顧自播放著音樂。他還說，自己對那首歌開頭的吉他演奏聲非常厭惡，但我卻一播再播。那當時他怎麼沒有像我現在這樣要求他把收音機關掉？他堅稱，他有這樣做。

我閉上嘴，再度縮回貝殼般的姿態。我察覺到他的怒火隨時會引爆，但他的禮數制止了自己把我攆出門外。

又過了幾個小時，我們都及時完成各自的工作，而沒讓衝突繼續升高。雨果藉著比較柔和的色彩漸層以及變換日光的方向，終於成功完成了畫作。

同一天晚上，我們開始討論一篇由我所寫、被他指稱為「缺乏精確性」的文章。細節並不重要，但文章主題正是挪威北部。我則反問，他的繪畫藝術是否可以呈現得比較「精確」（尤其是那些畫風抽象的油畫）。我們這樣在海上行動，又有多精確呢？就拿我們使用的三角測位法來說吧。五十公里開外的一點薄霧，就足以讓我們看不到自己用來定位的點。此外，挪威西岸峽灣的洋流強度，也多次將我們耍得團團轉。當我們以為魚線和誘餌還整整齊齊地躺在水底時，其實它們已消失不見了。就在我們發現之前，它們就朝北向熊島去了。

「繪畫藝術的『精確度』是什麼？」我問。

「繪畫藝術的『精確度』!?」他回答。

我知道精確度在他的繪畫中並不是多麼重要的概念。

「也許，這和『精確度』的**相反詞**有關？」我再問。

「不是，完全不是這樣。這和『精確度』無關。這和『精確度』的**相反詞**也無關。這完全是另外一回事。」

在接下來的討論中我提到：他對我們一旦釣上格陵蘭鯊以後要做些什麼，擔心太多了。我們應該要思考的是：到底有沒有可能捉到格陵蘭鯊。聽雨果的說法和口吻，這彷彿是一件實際可達成的任務。但是，同時我們都知道水下的狀況是難以預測的。這樣的動機，不可否認地有其盲目的一面。我們是在映照著天幕的平靜海面上，進行這場追獵；水下則有著暗礁和淺灘，而我們的視野有限。泥土和沉積物從水底被捲上來，而我們都誤認為這是怪獸。

在真實的光線之下，這是指當日光映照在峽灣內時，這項「任務」的意義就閃閃發亮。然而，它變成了一種偏執，而且我們也在這個計畫裡賭上了自己的名譽。我們在沒看到格陵蘭鯊翻起白眼以前，是不能罷手的（雖然在那混濁的白眼裡，很可能還掛著一兩條長長的寄生蟲）。

我們正在進行的這項計畫，是何等的愚蠢、殘忍哪！它只是用來滿足我們的好奇心嗎？面對我們自身的恐懼？是某種在理論上我們能制伏最大型獵物展現獵人般的本能嗎？是某種海上版的「非洲五霸」狩獵比賽嗎？過去，我們人類也曾是瀕臨滅絕猛獸的獵物，劍齒虎將我們撕碎，再將奄奄一息的我們拖進洞裡，在黑暗中大快朵頤。這種關於怪獸的神話，不就沉睡在我們的本性、基因的深處嗎？我們和鱷魚搏鬥，最後不是牠們將我們拖進牠們的天地，將我們撕碎成裡脊肉嗎？格陵蘭鯊那旋轉的技巧，使人聯想起鱷魚的相同把戲。

這場賽跑，我們就贏在大腦皮質多重了一公斤——那果凍般的灰色物質，幾乎能夠理解一切，包括我們自己的意識如何運作。傳承自遠古時代的特質，仍然以一種深層記憶的方式存在著。雨果在電視上看到那些充滿猛獸的自然生態節目，為什麼總會有個陰沉、美國腔的**畫外音**，試著唬弄我們，會有人正要被恐怖的怪獸吞食呢？

對人類而言，黃蜂比鯊魚還要危險。每年，全球共有約十或二十人死於鯊魚襲擊，在同樣的時間軸內，人類則殺死大約七千三百萬條鯊魚。即便如此，我們還是將**牠**列為危險的猛獸。我和雨果對這其中的弔詭性，可是了然於心。

每次鯊魚一攻擊人類，消息就傳遍全球各地。人們想像著一頭冷血、嗜殺的猛獸，雙目毫無表情，悄然無聲，猛然發動攻擊。一張有著好幾排利齒的大嘴，從水柱直衝出水面，狠狠咬住一個一無所知的游泳者的手臂、腿甚至腰部。鮮血染紅了海水，在一場簡短、不對稱的搏鬥以後，鯊魚又游回深海，大快朵頤著咬下的一、兩片人肉。我們害怕一個事實：牠們不怕我們。

要比受歡迎度排名的話，鯊魚永遠不會是贏家。貓熊、貓咪、狗狗和小黑猩猩處在量尺的一端，鯊魚則處在另外一端。今日，人類遭到鯊魚攻擊時，宛如一道來自遠古時代的回聲，那時人類還沒有優越的科技讓我們掌控世界。短短幾秒鐘，我們對世界的駕馭就被磨滅了。突然間，我們不再能殺戮，而成了被殺戮者。這種事發生在人類身上的可能性，幾乎不存在。然而，我們就是害怕落進黑暗的深海，被將把我們撕成碎片的生物團團圍住。是的，將我們撕碎、咬到寸骨不留。

我們遲早都會全部消失。但是，我們將會在魚類與其他小型動物爬行的深海底部徹底消失，這種想法使人非常難以忍受。

從古典時代以來，探險家、地理學家與自然學者就逐漸探究出全世界地表的樣貌。根據義大利詩人但丁（Dante）描述，奧德賽並不像荷馬所宣稱的那樣，回家與妻子潘妮洛普（Penelope）團聚。奧德賽想要繼續航行，他越過海格力斯之柱（Herkulessøylene），繼續向西在大洋上航行。根據希臘神話，這些柱子被豎立起來，用於標明已知的、適合人居區域的界線。就連大力士海格力斯，也不敢越過這一點。但是但丁在完成於一三二〇年左右的《神曲》（*Den guddommelige komedie*）中寫道：奧德賽受到好奇心、求知欲與冒險心的驅使，繼續深入未知的天地。為了這種僭越的行徑，但丁懲罰了奧德賽，把他放在接近最底部的第八層地獄。在那兒，他被地獄之火的烈焰永久包圍102。

僅僅數百年前，許多人還相信存在長著狗頭或臉孔長在胸部的人類——或者是混合人、獅子、毒蠍特徵的生物。任何人離開已知的區域太遠，就可能遇上長著翅膀的飛馬，或是能用眼神殺人的生物。大眾也普遍接受獨角獸的存在。海洋中，散布著各種特徵極其詭異、意圖不明的大型動物。

中世紀大教堂建築物的正面，總畫著幻想中的動物與魔鬼，人們相信兩者都確實存在。我們對能夠殺害、吞食我們的怪異猛獸，總是心存恐懼。人類的活動，導致其他物種迅速滅絕，因為我們成為陸地上的霸主，而且也駕馭了海洋。我們一路這樣走來到現在，以至於不再有人關切，人類和動物之間的搏鬥是否合乎正義。如果有人提出這樣的話題，那也泰半是在演戲、裝腔作勢。因為現代真正的鬥爭，都存在於人與人之間。

今日，野生動物已受到威脅。大體上，我們只能在動物園或遊獵行程中見到牠們。人們付出高價，只為了用望遠鏡一瞥在熱帶草原上進行大狩獵的情景。從近距離體驗鯊魚或鯨魚不只帶給許多人喜悅，甚至還是一種地位、身分的表徵。

此外，捕鯨人和賞鯨客之間沒保持適當距離的事，也曾發生過。幾年前，一艘載滿來自全球各地遊客的船隻，來到安島外海賞鯨。那片海域有許多小鬚鯨出沒，遊客興致勃勃。一條捕鯨船在遊船旁邊出現，讓他們的喜悅驟然而止。在八十名恭候鯨魚出現的遊客眼前，捕鯨船用魚叉命中一頭小鬚鯨。在返回陸地的途中，遊客又看到另一位捕鯨人將一頭小鬚鯨吊上船甲板，鯨魚的血如泉湧。這對包括小孩在內的全體遊客而言，都是一輩子難忘的回憶。挪威捕鯨協會（Norges Småkvalfangerlag）會長向《安島郵報》（*Andøyposten*）表示：「我們必須指出，對於這種出海、目標在於賞鯨的人們來說，他們的反對聲浪是非常極端的。」[103]

請注意一件事情：以怪獸為主題的電影，幾乎已不再觸及野生動物。他們最常用的主題反而是經過扭曲、變形的人類形象，例如殭屍與吸血鬼。那些能威脅我們的形體，都來自外太空，或偶爾來自海底。即那些存在著我們未知的某種東西，某些我們仍然無法完全掌握、駕馭的所在。

雨果和我又如何呢？當連播放布萊恩．伊諾（Brian Eno）的歌曲都無助於改善情況時，情勢就很不利了。羅伯．懷亞特（Robert Wyatt）呢？忘了他吧，就算羅伯特．弗利普（Robert Fripp）彈吉他，都不見得管用。最後，連羅西音樂樂團（Roxy Music）早期的音樂都端出台面了。

每年，座頭鯨（Knølhvaler）會更換牠們歌聲中既長且複雜的旋律。新歌能穿越長距離，從其中一群鯨魚傳遞給另外一群鯨魚。雨果和我倒沒那麼常更新我們的音樂，我們演奏的樂曲已有四十年之久。我試了英國搖滾樂團平克．弗洛伊德（Pink Floyd）一九六九年的雙專輯《*Ummagumma*》。它被傳誦為這個樂團所出過最古怪的一張專輯，大部分團員也選擇和它保持距離。不過，有一小群樂迷把它當成是不世出的經典之作。雨果就屬於這一小撮人。

我們的晚餐是煎鱈魚乾。我們在兩個月前釣上的大西洋鱈，現在早已變成完美的鹹漬魚乾了。雨果按照古法處理鹹漬魚乾。他將它們搬進又搬出，使它們避免被雨淋到，並免於過多的日照。他取出鹹漬魚乾，並帶到挪威西岸峽灣以乾淨的海水沖洗它們。

晚上，氣氛緩慢、逐漸地好轉，差不多像海水邁向漲潮的速度。然而，當它轉向退潮時，氣氛很明顯就又往下沉了。

上床就寢以前，我們約定好一件事。在我們真正抓上格陵蘭鯊以前，我們都不要再提起牠的名字。提到牠，彷彿就會帶來厄運與詛咒。不過，這倒不是因為我們開始對格陵蘭鯊形成了宗教信仰，或變得迷信起來。不是這樣的。

但是，世界上其他地區是存在鯊魚崇拜的。夏威夷島上，人們將**奧馬庫阿**（'aumakua）奉為最崇高的守護天使，祂展現的形象，就是一頭鯊魚。日本人將鯊魚視為海洋風暴的主人。新幾內亞一帶的幾個島嶼聚落上，捕鯊人的地位比起其他成員來得高。斐濟群島上，過去人們崇拜一頭**鯊魚之神**（Dakuwaqa），而祂可是大酋長的直系祖宗。在屬於斐濟的本加島（Beqa）上，人們對鯊魚之神的崇拜是如此虔誠，乃至於從不說出祂的名字。不過，這名字倒是可以寫下來[104]。

隔天我起床時，時間已近中午十二點，雨果鐵定已經幹了數小時的木工活。他從外面進來，我則在廚房裡將奶油抹在麵包上。他問我，針對前一天的事情，我有沒有什麼想澄清、說明的。因為，這很重要。

「那麼無聊的事還有啥好說的？」我反問，不過馬上就後悔自己講這種話。

雨果先是閉嘴不言。兩分鐘後，他的頭部微微低下，問我剛才在廚房裡究竟說些什麼。

我否認說過自己說過的話，同時為自己所說過的話，請求諒解。我們之間存在著芥蒂，這讓我聯想起那些有待回收的寶特瓶底部的殘渣。

魚類有著一個壓力感受器官系統叫體側線（sidelinjeorgan），使牠們即便在成群游動時，也能不受彼此的行動所干擾。人類則沒有這種設計，而現在是該暫停、休息一下了。我計畫和海洋親密接觸一下，但可不希望雨果把我從碼頭上狠狠摔進海裡。

繞著加工廠廠房走動一圈時，我停下腳步，仔細看著那對芬蘭人留下來、懸掛在牆上的老舊潛水設備，尤其是蛙蹼。潛水衣實在太小了，它還缺乏許多設備，我不能就這樣穿上它直接跳進海裡。儘管雨果和我將彼此惹毛了，我想，為什麼不轉而和家人好好相處呢？雨果的女兒安妮肯（Anniken）就熱愛潛水。她住在卡伯爾沃格，能夠借我堪用的潛水設備。搞不好，她也想跟著我去潛水。潛水對我而言，已是多年前的往事。而我大部分的潛水經驗，都是在印尼蘇門答臘與泗水等遙遠的異國海域。在挪威西岸峽灣潛水，突然間變成唯一重要的事情。

不過，我要先完成另一項任務。

36

我在史柯洛瓦島上還有一輛舊車。由於我在韋斯特羅倫較遠的地方有一棟房子，因此就在去年買進了這輛車。一整個冬天過去，水從車頂滲進車內，座位潮濕不已，地板上也積滿了水。整輛車裡瀰漫著濃烈的發霉味。

我開車上渡輪來到斯沃爾維爾，沿著表面充滿碎裂的峽灣前行，來到菲斯克博爾村（Fiskebøl），然後換搭另一艘渡輪，抵達梅爾比與韋斯特羅倫。渡輪隨後循著海峽，通過橋梁繼續前行，穿越蘇特蘭（Sortland），再穿過有著流水汩汩如耳語般的許多小河的狹小山道，航向伯（Bø）自治區朝海的外緣。

現在，景觀出現了戲劇性的變化。它從清一色的高聳、開闊，以及北挪威經典的峽灣景致，轉變成與格陵蘭或昔德蘭群島的地勢更為接近。寸草不生的綠色海洋景致，以其原有的面貌呈現壯麗的景色，數百公尺高的黑色山峰聳入天際。那低矮的植物群摟抱著大地，呈藍色、鐵鏽色或淡綠色。一萬八千年以來，此地從未結冰，它的無冰期，比起挪威任何地方都要長。

道路的盡頭靠近海邊的最遠處，我的房子就坐落在霍夫登（Hovden）一片覆蓋在白沙灘的綠色冰磧上。房子是白色的，但牆壁長期受含鹽的海水噴濺，以致每根釘子都清晰可見。我走進屋內的客廳中，察覺到天花板上的壁紙鼓脹著。用手指輕輕一碰壁紙，便能戳出洞來。這一戳，讓水從孔洞迎面噴在我的臉上，而且還一直流個不停。我趕快去拿了個大鍋來接水，卻馬上盛滿。我只好去拿水桶來裝。

這棟小屋是我曾祖父蓋的，最近我和其他四人連同一塊十二點五英畝的土地一併買下來。那是幾塊空地沿著水畔分布，一路延伸到峻峭的水下沙洲開始的地方。屋舍下方的水畔，與沙洲約有一百公尺以上的距離。換句話說，我們其實擁有海洋的一部分。這種感覺很不對勁，然而實情卻是如此。

這座屋子正在逐漸腐朽。管線積存大量的水，對客廳天花板造成負擔。此外，水也從側面吹入。冬天的一場風暴，將外緣的一塊壁板掀了開來。水滴入桶子時發出尖銳、短促的「咚」一聲，擾亂著下方波浪推上沙灘時所發出的微弱、翻滾的柔軟韻律。唰——咚。唰——咚。

這棟小屋，百年來一直對抗著大海與狂暴的風勢，現在，它即將被水所佔據。車子只需把水舀出去便行，但是房子則需要把水抽走以及進行妥善的鞏固工程。海風不斷吹來，風從天花板與屋角發出如泣如訴的口哨聲。小屋的旁邊，還有著一口古老的水井。井水已經滿溢出來，我從井裡喝到的水泛著鹹味。

我坐進車內開回羅浮敦。一路上，車窗內緣都被露水所覆蓋。但是當我動手擦拭時，發現根本毫無差別，因為車外也瀰漫著霧氣。在這片全無輪廓的模糊世界中，我瞥見棲息在山壁上的鸕鶿鳥群，而波浪則沖擊著孔隙及水道。感覺上，我已經把車子當成船在開了，沿路還不斷注意燈塔的光線。我感覺全身上下都是水。我打電話給雨果的女兒安妮肯。她答應會和我一起去潛水。

37

兩天後，安妮肯和我在小漁村卡伯爾沃格，從一艘船上向後跳出。終於，我要開始探索挪威西岸峽灣的水下世界了。我低下頭，舉起雙腳，讓纏繞腹部的配重帶發揮作用。我就像一頭水生哺乳動物，朝著八公尺下的底部滑去。我看見兩叢大型褐藻之間的縫隙，便朝向縫隙滑去。大型褐藻有著寬而平坦的葉片，順著水柱的水流平靜地來回擺動，幾乎與樹木同高。葉片只會沿著物體周邊滑動，而不會糾纏著物體。

我平靜地躺在底部，抬頭向上張望。我看到我的上方是一道道波紋，水面那顫動的藍光，現已成為另一片天地的邊界。在陸地上時，我們頭頂上是天空，腳下則是大海。在水底下抬頭往上看時，只見一層單薄的、幾乎完全感覺不到任何有形實體的薄膜。它僅僅代表著通向另一片天地的直接過渡。

地球上絕大部分的有機體都生存於此處。只有極少數物種能夠同時於陸地與海洋生存，或只能居留片刻。理論上，企鵝能在這兩種環境適應良好，但在此同時，牠們在陸地上變得相當脆弱。海豹、海象與海龜的情況也是如此。而兩棲類動物與蛇類的特長，就是能在兩片天地間來去自如。

一開始，地球被冒著硫化物、毫無生機的淺海所覆蓋著。有生命的細胞出現，逐漸聚集起來，形成高等有機體。一切過程相當緩慢，直到某一刻生命才真正加速，朝各個方面萌芽發展起來。數十億年以來，地球上的所有生命體，都存在於海洋中。現在已經絕種的生物，那時在海中無重力般地游動著，使用鰓或類似的器官呼吸。而不過三億七千萬年以前，第一批生物就爬上了淺水區。牠們發展出步行用的雙腳，以及呼吸用的肺。一開始，牠們同時在岸上與水中生活，隨後牠們的繁殖加速，開始殖民陸地。有一些動物則感到後悔，又爬回海中去了。

這塊水域定期有洋流流經，因此水質清新而潔淨。當暴風來臨時，這段海岸就會迎面承受所有的風雨。對大多數人而言，海洋既陌生又充滿威脅性；但同時它卻又不可思議地予人親近、舒適的感覺。如果你對一個小嬰孩的臉吹氣，他會把嘴巴閉上；但如果你把他放進深水中，他會到處游動，彷彿是再自然不過的事情。現在我唯一能聽見的聲音，就是自己的氣息。吸氣時的嘶嘶聲，而在呼氣時聲音顯得較為深沉，因為空氣和水混合在一起，產生一種氣泡般濕潤的「咯咯」聲響。在水下的呼吸讓我想起了宛如通過感應器所聽見的，在母親子宮內胎兒心跳的那種潺潺聲。在子宮中，我們被鹹水所包圍住，連肺部也都充滿了鹽水。在我們被送到光線所圍繞的乾燥世界，助產士一掌讓我們

第一次將肺部清乾前——我們都一無所知。然後，我們放聲尖叫。一切會大不相同，我們不再處於水下，現在氧氣才是我們生命的力量。九個月以來我們再度經歷、也反映了海中生物從海洋到陸地上生活的轉折。攝於一九八九年的經典電影《深淵》（*The Abyss*）裡，一支外來的、不屬於地球的外星文明最後從海底的深淵處出現，潛水員下潛的幅度是如此深入，以至於他們必須使用液態混合氧氣。「你的身體會記得的。」

在海底躺了一會兒後，我從巨藻林中那一小塊平坦處起身，繼續游動。我終於從海洋的視角，見到了這個世界。一隻普通黃道蟹側身溜進一道罅隙裡，背靠著罅隙的內壁，雙鉗舉起。我把牠拾起，放回原地，然後繼續游。有一小群魚，我猜是海玉筋魚（sildefisken），正向下鑽入沙中；海星在一座小圓丘的底部，緩緩摸索移動。小魚和其他許多尋求掩護色的生物，都躲在巨藻林之間。

儘管穿上了黑色、橡膠質的潛水裝，但海水在身體上的觸感，宛如濕潤的絲綢。我繼續在微弱的洋流中游動，在那安靜、搖曳著的藻類叢間穿梭。我置身於某種太初般的無重力狀態，想在海流中成為水分子——不是朦朧不清、也非虛無縹緲，而是成為**在海中**的一滴水。

海葵在搖曳著，羽狀細指海葵（plumose anemones）則安靜地點綴。一條圓鰭魚（rognkall）瞋怒地注視著我，尖刺朝外。牠有個形狀古怪、噘起的嘴，造型看來極其自負。然後，又游來一小群纖細、銀白色的翻車魚，全都朝同一方向急急游去，群龍無首。

其實我還在淺水區，但雙耳和鼻竇卻已充分感受到了水壓。生活在深海的水母與其他許多物種，被帶到海水表面時，身體都會爆裂開來——就像我們在深海會被壓得不成人形，是一樣的道理。水下十公尺處的水壓，就已經是海水表面的兩倍。海水深度五百公尺時，水壓相當於五十一個大氣壓。這是非常沉重的負擔。潛入深海的潛水夫，很可能罹患一項或多項神經症候群。他們變得無精打采、淺眠，還會感到顫抖、暈眩、幻覺、譫妄、腹瀉、嘔吐，與其他在海水表面已使人感到不舒服、在深海處則足以導致生命危險的症狀。水壓是如此強大，使肺臟在換氣時承受更大的負擔。所有深海潛水夫都必須進行減壓，而這足以花上許多天，否則血液就像香檳酒般冒著氣泡，感覺就像喝到爛醉。血栓在血液中、關節間、肺臟與腦中出現，足以使人痛苦地死去。我們完全無法適應格陵蘭鯊所生存的環境。

氣泡女王就住在水下的洞穴。蘇美人所寫的史詩《吉爾伽美什》（*Gilgamesj*），是世界上已知最早的文學作品。史詩中的英雄吉爾伽美什尋找長生不死的靈藥，獲悉靈藥化身為一棵藏在海底的植物。吉爾伽美什在雙腳上綁上石頭，使自己沉入海中。在那兒，他終於找到能使人返老還童的植物。吉爾伽美什回到水面上，在水中游泳時，植物卻遭到一條蛇叼走——噢，如果他能小心保管這株植物就好了。

現在，發生狀況了。一股海底的洋流，以使人難以置信的力量，趁我不察，將我掀翻。我只是不住地打轉，抵抗也無濟於事。我只是用手環抱住身體，隨波逐流，掉進越來越深的地方。同時，使人感到不可思議的景象從我眼前掠過。此時，我隨著海洋詩歌的韻律游著，游過帆布已被撕裂的帆船殘骸；抹香鯨還在海底微笑著，尋找著雙眼大如碗盤的巨烏賊，觸手閃閃發亮。穿越過色彩斑斕、有著靛色斑點的珊瑚叢，黏糊糊的鰻魚穿梭於長著海藻叢的骷髏頭之間。洋流把我帶到一處深海溝，那裡的長鬚鯨以複音的方式唱著低吟、如泣如訴的海洋之歌。鱈魚幼魚那低沉、微弱的哼吟聲從上方傳來，分布於海馬嘹亮的小喇叭聲之間；龍蝦則繞著圓圈跳舞，周邊的大比目魚與鰈魚則拍擊著尾巴，彷彿在鼓掌叫好。狼魚一如往常，有著我所熟悉的似人面孔。翻車魚靜靜地待在水中，照亮著姥鯊張開的大口。魟魚（Skater）則保持陣形飛過，猶如巡航中的匿蹤轟炸機。

就在我被帶入黑暗之際，我覺得一切都完了。我不可能與這樣的水壓對抗，氧氣早就該消耗完了，但這並沒有發生。周遭陷入一片黑暗時，各種千奇百怪的生物開始對著我眨眼。溺死者的陰影之間，浮現恐怖的幻象。洋流在水中推動著我，游動了數十公里，一再往下沉，直到我聽見一道恍如瀑布所傳出的巨響。我心想：我一定已經接近與地心連結起來的巨大海峽。那沿著海底將我吸入的噴射流，把我一路帶往莫斯可大漩渦，那可是地球上海水洶湧、翻騰最活躍之處。我已經沒救了。

這簡直是水下的颶風。它的內壁是黑色的，濕滑而閃亮，各種物體盤旋著，包括沉船的殘骸、樹幹、家具、箱子碎片、木桶、側板與裂成片段的老舊救生艇。我牢牢抱住一個木桶，因為它似乎正隨著漩渦蒸騰而上。

我就在羅浮敦岬角另一端，一處滿是石礫的海灘上醒來。旁邊是一座已經廢棄的漁村。就在我又餓又累地躺在海灘上時，我還能聽見莫斯可大漩渦巨口中所傳出的喧嚷。除了我以上所提到的內容以外，這場親歷海底肚臍眼處的水下探險，我已一無所知。

38

就在我的羅浮敦岬角水下探險結束、回到艾斯約德漁產加工廠以後，雨果和我又重新上演負面的談話循環。他問我，浮潛好不好玩，我給他肯定的回答，並轉達安妮肯的問候。

然後，某天下午近傍晚時分，雨果的外置式馬達終於修好了。我們駕船在挪威西岸峽灣繞行一圈，測試它的情況——同時，我們又扔了新的一桶魚肝殘餘物，因為前一批舊的肝臟殘餘物，早已在挪威西岸峽灣與附近海域中被稀釋殆盡。馬達還換了一個新的油盤，理應處於最佳狀態。雨果將船在浪中又開了一會兒，他原本焦慮的表情轉為輕鬆。

我們經過史柯洛瓦島燈塔，朝向弗雷莎嶼前進之際，都注意到我們正前方有個物體。我們不會看錯的。沒有其他生物能夠以這樣的速度游動，那橢圓狀、白色的斑點清晰可見。我們身陷一大群虎鯨之間。牠們在我們前方的水面不斷彈跳，其中一頭小虎鯨突然在船邊現身。牠將頭部探出水面，好奇地用其中一隻眼打量我們。小虎鯨的大小與我們的小艇相仿，但還有兩頭體型是牠兩倍大的成年鯨，正熱烈地和牠溝通著。牠的皮膚宛如厚實、黑色的PVC塑膠，就像我們的RIB小艇一樣。我們可以想像：小虎鯨一開始以為我們的小艇是海中的動物，想跟牠做個朋友；而成年鯨則要牠回到隊伍中，向東游入挪威西岸峽灣。

虎鯨就像藏在浴缸水下的塑膠玩具鴨一樣，濺起水花、吐氣，而後再次下潛，繼續全速向前。牠們就好像趕赴著一個約會，但還有點寬裕時間讓牠們在途上耽擱、玩耍一會兒。牠們真是我所見過最令人印象深刻的動物。我曾在非洲叢林中遭遇過一次相類似的事：一群不受拘束的黑猩猩穿越樹冠朝我而來，在樹頂間擺盪，折斷樹枝，高聲叫著，發出迅速的喊聲與同伴互通訊息。在大家搞清楚是怎麼一回事以前，牠們就消失無蹤了。那群黑猩猩很像是最後一次慶祝春假狂歡時的挪威高中生。要比較的話，虎鯨則比較像是義大利跑車，但牠們可靈活得多，給人一種牠們才是海洋的真正擁有者的印象。

大約五到六頭鯨魚同時在小艇周邊躍起，有幾頭距離相當近。鯡魚已經離開了特爾斯灣，所以那裡不會是牠們的目的地。過去，牠們的確經常到那裡。九千多年前，石器時代的特爾斯灣居民的岩刻藝術裡，所畫的就是如實物大小的虎鯨。

每頭虎鯨皮膚上的斑點形狀或背鰭都不一樣，就如指紋一樣獨特。雄鯨的背鰭相當大，從背上伸出近兩公尺高，呈現一個尖銳的三角形。雌鯨的背鰭就比較單薄，還有著波浪狀的頂部（就像日本浮世繪中的浪花那樣）。虎鯨是海中游速最快的生物。牠的游速，僅有旗魚、劍旗魚和海豚屬的幾種體型較小鯨魚可堪比擬。不過，虎鯨的體型大得多，也強壯得多。

我們跟著牠們約一刻鐘，隨後一頭顯然是領隊的雌鯨發出信號，表示已經夠了。所有鯨魚同時潛入水中，消失了。雨果熄掉引擎，我們便循著原路回到來處。現在，我們已從史柯洛瓦島燈塔東北方向，行駛了許多海里。

雨果就像我一樣振奮。自從二〇〇二年起，他就不曾在挪威西岸峽灣見過虎鯨，對於牠們此刻重現蹤跡，他全身上下散發出喜悅感。他曾經說過，如果能決定自己要變成什麼動物，他一定選虎鯨。老鷹或虎鯨。他對牠們情有獨鍾。我提醒他這件事，但也不忘問他一下，他會不會吃厭了鯡魚和鯖魚。雨果微笑一下，反問我想變成什麼動物。我沒答腔，只是覺得他已經把最好的動物都挑走了。

我們坐在船上談話，海面上波浪洶湧，小船則隨波逐流。進出挪威西岸峽灣的洋流相撞著，海面因而無可避免地產生碎浪，翻騰不斷，需要找到共存的方法。

雨果告訴我一件事。嗯，其實這感覺更像是他在承認一件可恥的祕密。在一九七〇年代的史提根，狂躁不安分的年輕男性用獵槍射擊虎鯨。雨果用輕蔑的聲音告訴我，這些人甚至還拿這種事來炫耀。這聽起來確實很野蠻，但在當時人們將鯡魚群體數量的銳減，歸咎到虎鯨身上。根據我們所知，我們遭遇虎鯨群中的某些鯨魚，其實會記得和人類相遇時那些不可理喻的經驗；牠們和人類一樣，都是有智力與記憶的。虎鯨的腦容量在所有海洋哺乳動物中，僅次於抹香鯨，而抹香鯨的腦容量，居所有現存與已絕種動物之冠。虎鯨的大腦可重達七公斤，這樣的大腦使幼鯨能夠學習獵食，而每一個群體都能將特有的優點，代代相傳下去。牠們之中的每一支「氏族」都有自己的方言，在聲調與音頻上有所差異，這使牠們能夠認出彼此，並和其他（可能有敵意的）氏族有所區分。

虎鯨和人類的生命週期也很相似。雌鯨通常是群體的領導者，牠在十五歲左右就進入生育年齡；直到四十歲時，至多可育有五到六頭小鯨。不過，牠們能活到八十歲左右。

「你可知道，牠們為什麼會獲得這樣的名稱？」雨果問我。「藍鯨是世界上最大的生物，可重達一百九十噸，而虎鯨會攻擊牠們。虎鯨群中的兩條鯨，會先咬住鰭肢。第三頭虎鯨則咬住下頷較柔軟的部分。然後，其他成員就會開始撕裂藍鯨的軀體。」雨果繼續說下去；他還補充說明，就連大白鯊都拿虎鯨莫可奈何。

虎鯨會成群獵食，所用的技巧非常狡猾。牠們會在鯡魚群正下方釋出大型氣泡，或垂直待在水中，然後用尾巴製造出力道強勁、宛如協同攻擊般的洋流。洋流或氣泡都會讓鯡魚失去方向感，無助地到處亂竄。根據一些影片，虎鯨也會協同製造出大型波浪，好將棲息在薄冰上的海豹打下水來。

雨果在史提根保存著兩顆虎鯨的牙齒。你一拿上手就很難放開，它和貝殼一樣平滑，使握緊的拳頭感到異常沉重。雨果表示，當虎鯨對鯡魚群發起攻擊時，海中會飄浮著數以千計的鯡魚頭。它們彷彿是用刮鬍刀刮下來的，我們實在很難理解虎鯨究竟是怎麼辦到的。

一頭成年的虎鯨，幾乎毫無天敵。不過，雨果讀到過，虎鯨對長肢領航鯨有所忌憚。

「長肢領航鯨會追殺虎鯨和抹香鯨的幼獸。如果一群長肢領航鯨進入了峽灣，虎鯨就會溜之大吉。」

挪威北部人都把虎鯨稱為「木樁鯨」（staurkval），據信這是因為虎鯨巨大的鰭外觀酷似木樁。既然如此，應該要高速地從前方去觀看。如果你在一條小船上看到這樣的情景，最好是抓穩，因為被虎鯨擊沉小船的故事，是曾經發生過的。雨果描述道，幾年前在史柯洛瓦島外海，幾乎就是我們現下所處的位置，一頭虎鯨曾經對一條長度為八英尺的塑膠小艇展開侵略性攻擊。

是什麼因素導致牠們出現這樣的行為？雨果相當確信是壓力和艱難的處境，讓一頭動物抓狂。比如，那些由美國海洋世界集團（SeaWorld-konsernet）主題樂園場館圈養的虎鯨，變得極具攻擊性，很想報復。但誰能責怪牠們呢？牠們是巨型猛獸，本來就應該在開放的大洋中漫游。結果，牠們卻被綁來，關在一座大型水族箱裡。從此牠們被訓練來為付錢進場看表演的觀眾，獻上各種雜耍，流行音樂則在鐵皮屋單薄的牆壁間轟鳴作響。只要乖乖照馴獸員／獄警的指示做，就可得到獎品——一桶鯡魚。夜間，牠們被關在狹小的包廂裡，完全無法自由活動，像是停泊的船隻一樣。同時，人們還對牠們的背部沖水，好讓牠們身體不至於過分乾燥。那高聳的背鰭不再直立，反而低垂著，活像一株鬆垮的植物。富有智力的生物，遭到這種折磨而變得嗜殺（而且還成功襲擊了幾次），這在宇宙間其實不是什麼天大的懸案。

二〇一一年，一群保育人士以鯨魚也有生存權為事由，上法院提告位於加州聖地牙哥的海洋世界主題樂園（SeaWorld i San Diego），而法院駁回了他們的要求。但在二〇一四年，阿根廷動物園的一頭紅毛猩猩，獲得的待遇卻好得多。法院必須做出裁決，判定二十八歲的猩猩珊德拉（Sandra）究竟是人，還是只是一個物體。這對牠將會受到什麼待遇，有相當大的影響。牠並未被定義為動物，和法律與法律訴訟脫不了關係。很明顯地，猩猩並不是一件**東西**。然而，牠也並不真的是人。根據阿根廷《國家報》（*La Nacion*）報導，法院裁決將她或牠定義為「非人類的人」。即使牠不屬於人類，但牠卻有著智力，還有感情生活。法院也指出，牠的生存條件如果好一些，顯然會比較快樂。看來，紅毛猩猩是有一些基本權益的。

與虎鯨的相遇，無疑地提升了小組的士氣。挪威西岸峽灣再度成為充滿新體驗與想像力的刺激之地。夕陽，早已沉落在羅浮敦山壁的後方。一小撮光芒在天幕中舞動著，它的最下層，是宛如琺瑯綠的光層。一彎帶著海鹽味的新月，在史柯洛瓦島與小摩拉島之間升起。

也許這促使雨果跟我講起他最近在巴塞隆納的一次經歷。他的孩子們想給他一個驚喜，為他訂了一趟熱氣球旅遊。

「我們緩緩地升到城市的空中。大清早，整座城市就已醒來，人聲鼎沸。一開始，我們不只能聽見人們的聲音，還能聽見從窗戶飄出的音樂聲。當這些聲音消失以後，我們聽見路上的交通與車流聲、機械聲、警報聲、鳥鳴聲，簡直應有盡有。在我們上升之際，越來越多的聲音被逐步過濾掉。最後，當我們來到雲層上時，只剩下一種聲音。當我透過雲層向下望著底下的城市，你知道我在萬籟俱寂中聽見的是風聲嗎？」

我想了一、兩秒鐘，然後搖搖頭。

「那是狗的聲音。」雨果說。「那不是吠叫聲或吼聲，而是狗通過長距離，試圖與彼此溝通的聲音。」

我們幾乎忘記要在弗雷莎嶼外海，將裝有魚肝殘餘物的容器扔進海中。光線還是足夠讓我們使用**三角測量法**來找出我們的位置（以史柯洛瓦島燈塔，聳立在弗雷莎嶼上的石像，以及位於海爾峽谷浮冰盡頭處的史提伯根山）。儘管史提伯根山的頂峰處下著雪，我們還是能夠瞥見這座山，所以我們也大略知道——接近高精準的估計——隔天該在哪兒釣魚了。

39

「智慧有何處可尋？聰明之處在哪裡呢……在活人之地也無處可尋。深淵說：『不在我內』，滄海說：『不在我中』。」[105]

從海上而來的，僅有幾道沉重的長浪。天空是多雲陰鬱的，但雲層並未低垂，天候穩定，所以我們還是能看得到西方的景象。套句漁民的行話，海洋又在**無風起浪**（opplett）了（意味著長而沉重的波浪）。小而呈圓形的雲朵，散發出如拋光鋼鐵般的冷光。史柯洛瓦島外海，那本應遍布格陵蘭鯊的漁場，在這美好的一天一切看起來萬事俱備。

一場大西洋鱈魚派對過後剩下的鯨魚肉，成了我們的魚餌。我們把它們放在室外，使它腐爛得更加徹底。我把一片大肉塊固定在掛鉤上，將它丟入海中。鐵鍊很快就將一切拖往海底，雨果那條新的捲軸發出吟唱般的聲音，因為這次我們使用了釣魚竿和捲線器。現在，一切應該要變得容易多了。

雨果身穿一種有背帶的特製背心。腹部的正面處，背心設計有厚重、塑膠材質的類似盾牌的護墊，還有可讓魚竿伸入的孔隙，使他在必要時能壓上全身之力把鯊魚拉上來。就靠著這種方式，能讓裝備自他的腹股溝位置延長一、兩公尺，朝上方伸起。

此外，魚竿還以強有力的鋼製拉環固定在捲軸上。要是魚竿被拉往船外，釣魚者便會跟著一同落海。我們都想到了這一點，也促使雨果談到了一則發生在一九八〇年代的往事。時值春季，天色美好，他們全家搭乘一條較大的釣船出海，雨果將船划近一座小島，準備撿拾海鷗蛋。那兒只有一個登陸點，位於一處小灣旁。但是，水底的水文狀況使進入小灣的海流湍急，使人們近乎被拋上岸。回途時，也需要小心盤算，因為同樣的地點會出現強烈的下層逆流。

雨果撿了幾顆海鷗蛋，跳上浮筏。然而，就在他要離島、回到船上的同時，失算了。浮筏傾覆了。就在落水的那一刻，他聽見自己的兄弟們大喊：「他在**那**裡！」下層逆流將雨果往下拉動，把他拖進海底，但馬上又如導彈盤被水柱猛擲回岸。想到即將迎面而來的撞擊，他用雙手護住自己的正面，撞擊時岩壁上的崎嶇突出物劃破他的雙手，血流不止。雨果艱難地抓住浮筏，裝著海鷗蛋的桶子飄浮在海面上盪漾著，所有的蛋都完好如初。他回到釣船上時滿臉是血，大家都以為他只剩下半條命，但那是因為他用手將擋著雙眼的頭髮撥開，血是從手上流出的。

「這還沒完呢，」雨果正想繼續說話、把故事帶往另一個方向時，突然全身一僵。有個東西咬住了釣鉤，動也不動。這只意味著一種可能。RIB 小艇迎向強烈的洋流被拖往後航行，只有一條重達數百公斤，甚至達到一公噸的魚，才有這種力氣。雨果幾乎是斜躺著，後腳跟踩著浮筒來抵抗拉力，以免被拖入海中。

難道，我們想要抓到一頭鯊魚（不管是什麼物種都好）的願望，太過分了嗎？是不是格陵蘭鯊，其實都無關緊要了——我這樣想著。最近，在韋斯特羅倫外海，英加爾地峽水深超過三百公尺的海床處，抓上來一頭物種不明的鯊魚。就連挪威海洋研究院的學者都辨識不出牠屬於哪一物種。然而我們知道：這是格陵蘭鯊。雨果和牠有了最直接的接觸。現在，他和這頭格陵蘭鯊各佔在魚線的兩端，除了這條魚線以外，他們之間再也沒有別的阻隔了。

「刀子在哪裡？」雨果問話的同時，格陵蘭鯊將船身拉向史提根的方向。要是格陵蘭鯊在此刻加速前進，雨果就無法留在小船上。過了一、兩分鐘後，力道減弱。雨果因而得以迅速轉入一檔，開始捲起魚線。格陵蘭鯊間歇地又猛抽、急拉了一或兩分鐘，而唯一能做的就是堅持下去。有幾下牠劇烈地彈跳起來，當我向船艉走動時，牠開始起身，因為意識到這可能非常危險，我只好往後退。然後，格陵蘭鯊又沉靜下來，雨果順勢再捲起魚線，將牠越纏越緊。格陵蘭鯊一路往上升，要是魚鉤沒有鉤得穩當，牠現在就能順利逃脫了。

我注意一下雨果的捲線器，大約再捲上數十公尺的線，就大功告成了。即使獵物噸位頗重，很難拉得動，雨果看來還是掌握了全局。我們並未交談，但還是發出幾句咒罵、一些聲音，有時並交換一下眼神。目前的狀況，沒有什麼廢話好說的。我們都知道這種方式的壞處，要是我們用手拉動魚線，就能將格陵蘭鯊繫牢在浮標上，讓牠憑自己的力量游動。然而，現在我們使用了魚竿所以不能這樣做。格陵蘭鯊會在小船近處浮出，我們唯一能做的就是……我望著雨果，心裡想著我們就看著辦吧。如果出了什麼差池，我們只要把線剪斷就好了。

半小時後魚線被拉直了。就在此時我發現水面出現了波紋。格陵蘭鯊在水面下轉動著，鐵鍊條只夠繞住牠的身體一、兩圈，於是牠很快就觸及魚線，魚線瞬間被扯斷了。大海在移動著，我見到一塊碩大、灰色的背部隱入海底，我們的魚鉤還在牠嘴上，下方還懸掛著六公尺長的鐵鍊。在遇上我們以後，這條格陵蘭鯊的生命一定會發生重大變化。

周遭一片寧靜。遠處史柯洛瓦島的燈塔還在眨著眼睛。幾隻紅嘴鷗（hettemåker）在小艇附近聚集起來。牠們意識到，自己不會從我們這兒得到餵食，便又隨風逐浪而去。海洋繼續緩慢、深具耐性地翻滾著，一如我們存在以前，在我們離世以後，它仍將始終如一。

謝辭

首先，我必須對雨果．艾斯約德與梅特．博斯利致上最深、最誠摯的謝意。就如讀者諸君所能看到的，多虧了我們之間的友情，本書才能與讀者相見。我也要向安妮肯．艾斯約德，表達誠摯的謝意。對其他在各方面、大小事項上幫助過我的人們，包括阿諾．約翰遜（Arnold Johansen）、雷夫．霍夫登（Leif Hovden）、福羅德．皮斯寇（Frode Pilskog）、比約那．尼科萊森（Bjørnar Nicolaisen）、托吉爾．施洛文（Torgeir Schjerven）、英格．伊麗莎白．韓森（Inger Elisabeth Hansen）、史文．克努德森（Sverre Knudsen）、安妮．瑪莉亞．愛克塞特（Anne Maria Eikeset）、霍瓦德．雷姆（Håvard Rem）、英格．雅伯瑞森（Inge Albriktsen）、希爾妲．林喬森．布隆（Hilde Linchausen Blom）、托拉．胡特格蘭（Tora Hultgreen）、克努特．賀沃森（Knut Halvorsen），以及像雷達一樣敏銳、可靠的夫妻檔，雷諾與卡莉．諾斯塔．盧桑絲（Ronald and Kari Nystad Rusaanes）（每次我到博德時，他們總願意提供我住宿處）。即使是我在此未提到姓名，但也幫助了我的人們，我也希望向各位說聲：萬分感謝！

我也要向本書挪威版的編輯凱瑟琳・娜倫（Cathrine Narum）致上誠摯的謝意。她的熱忱、語言才華、對科普知識的掌握程度，使我深感敬佩。因此，本書所舉的事證若有任何疏誤，都是本人的責任。我也向我的未婚妻凱瑟琳・史壯（Cathrine Strøm）致上最深的謝意。寫作專案進行過程中，她在寫作建議、閱讀書稿方面提供了我很多的協助，以及在整個寫作計畫中一直給予支持。在謝辭的尾聲，我也要向我們尚未出世的孩子致意。他／她的生命，是我在往返北挪威的旅途期間形成的。我們的小生命，預計在本書出版的同時來到這世界上。但願大海能伴隨你一帆風順。

註釋

1 學生時代，我曾參加過一場由詩人謝爾・赫格蘭德（Kjell Heggelund）所主持的蘭波詩選研討會。當我引用〈醉舟〉時，引述法文原文與數種翻譯版本，而並未倚賴某一種譯文版本。全詩由勞夫・史特諾森（Rolf Stenersen）、克里斯騰・古德拉克（Kristen Gundelach）、楊・艾瑞克・佛德（Jan Erik Vold）改寫成挪威文，並由哈孔・達賀林（Haakon Dahlen）改寫成新挪威語（nynorsk）。這些改寫詩篇與薩繆爾・貝克特（Samuel Beckett）作品在內等其他詩篇收錄於：*Å dikte for en annen. Moment til en poetikk for lesning av gjendiktninger. Berman, Meschonnic, Rimbaud* by Cathrine Strøm (thesis in Comparative Literature, University of Bergen, spring 2005)。

2 生物學家威爾森（E. O. Wilson）在二〇〇三年創設一部關於地球上生物形態的網路辭典，並暗中希望能在二十五年內涵括所有物種（www.eol.org）。然而，威爾森必須承認：他或其他人對地球上究竟有多少物種，都毫無概念。目前，科學界在陸地上與海洋僅能辨識出一百九十萬個物種，其中絕大部分是熱帶昆蟲。

3 大部分關於鯊魚生理與社交生活的資訊，摘自Juliet Eilperin（艾爾培林）的著作：*Demon Fish: Travels Through the Hidden World of Sharks*. Pantheon Books, 2011。以及*Sharks of the World* by Leonard Compagno, Marc Dando, Sarah Fowler (Princeton Field Guides, Princeton University Press, 2005)。

4 或許在這儀式背後，還隱藏著某種訊息？也許最重要的不在於殺戮，而是在於吃下被宰殺的獻祭品。如此一來，犧牲者就能被視為對群體帶來了榮耀。祭典再次體現出宇宙間的秩序與階級高低，並證實、強化了群體共同感的存在。人們與彼此共享食物之際，還藉由牲禮與眾神共享食物。眾神高高在上，人們居中，動物則居末座。然而，若干考古研究也發現存在於天使島的遺址中，包括煨煮過的腿肉，島上的史前文化帶有食人族的成分。因此，實際情形更為複雜。

5 這些資訊取自英國廣播公司（ＢＢＣ）電視劇《藍色行星》（*Blue Planet*）ＤＶＤ第二集《深海》（*The Deep*）。當時的電視劇團隊跟隨一項追蹤鯨魚遺骸腐爛程度的科學研究，進行拍攝。

6 Jonas Lie's story "Svend Foyn og Ishavsfarten," published in *Fortællinger og Skildringer fra Norge* (1872). Collected Works, vol. 1, Gyldendalske Boghandel, 1902, p. 148.

7 本段引述於：Inge Albriktsen's article "Da snurperen 'Seto' forliste – et lite hyggelig 45-års minne" in *Årbok for Steigen*, 2006。

8 後來我獲得了關於這艘船進一步的歷史資訊，因而能撰寫某種形式的訃聞。這艘漁船於一九二一年在威斯孟德（Wesemünde）由恩特維澤（Unterweser）船廠建造完成。後來船主考克斯哈維納・霍奇費雪（Cuxhavener Hochseefischerei）將其改名為參議員史塔摩號（Senator Sthamer）。她在一九四五年被德國海軍徵收，作為「海防駐點船隻」使用。而後，她在丹麥奧爾堡（Ålborg）港外一次破壞任務中遭到鑿沉。同年的聖誕夜，她從港中被打撈起來。一九四七年，她被更名為機動船艾斯霍德號（Elsehoved）（於哥本哈根港註籍），並於一九五〇年轉賣給挪威科珀維克（Kopervik），阿克勒港（Åkrehavn）的格佛特・格里德浩爾（Govert Grindhaug）。她在該地被改名為塞托號（Seto）。一九五二年，這艘船在博德以北四十四海里的金島（Gulleskjærene）沉沒。換句話說，她是在史提根外海處沉沒的。當時，尤漢・諾曼・艾斯約德（雨果曾祖父諾曼・尤漢・艾斯約德之子）先下手為強，買下了這艘沉在水下的船，以便將來自行打撈。艾斯約德修復了這艘船，並將其改建為鯡魚拖網漁船。在鯡魚季之外，塞托號還充任與歐洲大陸聯繫的貨船。她貨艙中滿載各種酒類，回到史提根。二月二十六日，她在倫德（Runde）外海的深水海域傾覆沉沒，此時正值冬季大西洋鱈魚季。而這第三次傾覆，也正是她最後長眠海底、壽終正寢的時刻。請參閱：http://www.skipet.no/skip/skipsforlis/1960/view?-searchterm=norske+skipsforlis+1960。

9 請勿將此處出現的格哈德・舍寧（Gerhard Schøning），與其祖先格哈德・舍寧（一七二二－八〇，出身於羅浮敦地區，曾任特隆赫姆大教堂講師、索勒島〔Sorø〕學院教授和哥本哈根國立檔案收藏館館員。由於他具學術地位，並從事論著，被某些人視為挪威第一位歷史學家）混為一談。

10 這些名字會揭露領主們的出生地。許多人來自挪威南部，但在那個時代，許多挪威人的祖籍其實在丹麥、德國或蘇格蘭：瓦爾那（Walnum）、戴柏菲斯特（Dybfest）、薩爾（Zahl）、羅許（Rasch）、德雷爾（Dreyer）、畢利斯（Blix）、勞倫斯（Lorentz）、法許（Falch）、柏德維克（Bordevick）、達斯（Dass）、奇爾（Kiil）及其他姓名。他們認為自己屬於歐洲的上流社會，他們經常前往歐陸進行大採購，購買大量波爾多葡萄酒、吊燈燈飾、三角鋼琴、地毯與簾幕。他們享有與生俱來的特權，可以指定一般平民能在哪裡捕魚，他們該被課多重的稅，或必須提供哪些徭役與服務。極少數人比較像是富關懷心的族長，會在危急時刻出手保護下屬。彼德・達斯（Petter Dass）則不屬於這一類型。

11 Christian Krohg, "Reiseerindringer og folkelivsbilder," in *Kampen for tilværelsen*, Gyldendal, 1952, p. 306.

12 Clarie Nouvian, *The Deep: The Extraordinary Creatures of the Abyss*, University of Chicago Press, 2007, p. 18。這是一本相當完善的大版式圖鑑，書中包括數以百計關於深海生物的照片集。

13 麥可・沙斯年僅二十四歲時，就自行出版過一部科學論文集：*Bidrag til Söedyrenes Naturhistorie*, Bergen, 1829。

14 Truls Gjefsen, *Peter Christen Asbjørnsen – diger og folkesæl*. Andresen & Butenschøn, 2001, s. 236–242.

15 Norsk biografisk leksikon. https://nbl.snl.no/Peter_Christen_Asbj%C3%B8rnsen

16 Sitert etter Norsk biografisk leksikon: https://nbl.snl.no/Michael_Sars

17 四年後，喬治・歐錫安・沙斯（G.O. Sars）將自己和父親的幾項發現發表於下列書刊中：*On Some Remarkable Forms of Animal Life, from the Great Deeps Off the Norwegian Coast. Partly from the Posthumous Manuscripts of the late Professor Dr. Michael Sars*, Brøgger & Christie, 1872。

18 Jonas Collin (ed.), *Skildringer af Naturvidenskaberne for alle*, Forlagsbureauet i København, 1882.

19 同上：“Havets Bund,” P. H. Carpenter, p. 1111。

20 Wendy Williams, *Kraken: The Curious, Exciting, and Slightly Disturbing Science of Squid*, Abrams, 2010, p. 83。這部書籍對烏賊有詳盡的介紹，是我關於該物種所引用的主要文獻。

21 請參閱：Tony Koslow, *The Silent Deep*, University of Chicago Press, 2007。

22 Jonathan Gordon, *Sperm Whales*, World Life Library, 1998.

23 Philip Hoare, *The Whale*, HarperCollins, 2010, p. 67.

24 這段對海上奇景的描繪和刻畫，摘錄自下列詩選：Torgeir Schjerven, *Harrys lille tåre*, Gyldendal, 2015。

25 Herman Melville: *Moby-Dick*. Aschehoug, 2009, s. 223。在我所引用的這段新翻譯譯文中，船長名為阿卡布（Akab）。然而，我已非常習慣阿哈（Ahab）的名字，因此將會繼續沿用這個譯名。

26 同上：二三六頁。

27 關於工業化捕鯨的歷史，以及科學在其中所扮演的角色，在下列文獻中有詳盡的描述：Burnett, D. G.（二〇一二年）。《鯨魚之聲：二十世紀的科學與鯨類》（*The Sounding of the Whale. Science and Cetaceans in the Twentieth Century*），芝加哥大學出版社（University of Chicago Press）。在一九五九年與一九六〇年，單是俄國捕鯨船隊就獵捕了二萬五千頭座頭鯨。捕鯨的過程與作業高度機械化，鯨魚族群遭到濫捕的程度如此嚴重，足使牠們永久消失。從十七世紀初開始，荷蘭、英國、德國、丹麥捕鯨船就已開始在斯瓦巴島獵捕數以萬計的弓頭鯨（grønlandshvaler，學名：Balaena mysticetus）。直到一六七〇年左右，該地的弓頭鯨數量已屈指可數。來自漢堡的外科醫生佛雷德瑞克．馬汀斯（Frederick Martens）曾在一六七一年跟隨一艘捕鯨船出海，後來寫了一本書，對此情景有詳細描述（該書於一六九四年出版，標題為《斯皮茲卑爾根島與格陵蘭之行》〔*A Voyage into Spitsbergen and Greenland*〕的英文新翻譯，而聲名大噪）。弓頭鯨（又稱格陵蘭鯨）體重可達七十五公噸，屬於露脊鯨科（挪威文中，牠們的名字含有「正確」（rett）一詞，加上其體型特徵，因而被戲稱為「正確」的鯨種）。為了獲得雌鯨青睞，雄弓頭鯨能唱出複音音樂，而且絕不會連續兩季使用同樣的歌曲／旋律。直到一九六七年為止的六十多年來，光是在南冰洋一地，估計就有多達四十五萬頭藍鯨遭到獵捕。俄國捕鯨船並未確實回報所有的捕獲量，因此我們對其捕獲的藍鯨數量不得而知。捕鯨業也為挪威帶來了巨大的財富。

28 一九二〇年，丹麥醫師艾格・卡拉普・尼森（Aage Krarup Nielsen）搭乘一艘從挪威出航的捕鯨船，來到詭計灣（Deception Bay）。他在一九二一年由金峽書店出版的《捕鯨之旅》（*En Hvalfangerfærd*）一書中，描述了那趟旅程。卡拉普・尼森宣稱：和整座詭計灣的惡臭味相比，德軍在第一次世界大戰中所使用的毒氣氣味，只不過是「玩具」。

29 New Scientist, 10 December 2004, http://www.newscientist.com/article/dn6764

30 George Orwell, "Inside the Whale," in *Essays*, Penguin, 2000, p. 127。由 Morten A. Strøksnes 翻譯成挪威文。

31 請參電視紀錄片：《拉斯・赫忒崴：光線的瘋狂》（*Lars Hertervig. Lysets Vanvidd*），二〇一三年。

32 摘錄自：海蒂絲・莫倫・維莎絲（Halldis Moren Vesaas）所著〈浪濤〉（Bølgje）一詩中。

33 摘錄自：亞瑟・蘭波所著〈醉舟〉。由 Kristen Gundelach 翻譯成挪威文。

34 Fridtjof Nansen: *Blant sel og bjørn*. Jacob Dybwads Forlag, 1924, s. 238–239.

35 Levy Carlson: *Håkjerringa og håkjerringfisket*. Fiskeridirektoratets skrifter, vol. iv, no 1. John Griegs boktrykkeri, 1958.

36 Erik Pontoppidan: *Norges naturhistorie*. København, 1753 (Faksimileutgave, København, 1977). Bind ii, s. 219.

37 關於希臘神話中風神希普特斯俄羅斯（拼法可為 Æolus 或 Aiolos），始終存在一些混淆。他在三種不同的神話族譜中都出現過。其中一種版本指稱，他是海神波塞頓之子。《奧德賽》（第十章）指稱，身為「風之衛士」（vindens vokter）的埃俄羅斯是希普特斯（Hippotes）之子。埃俄羅斯給了奧德賽一只裝了所有風的袋子，這樣他才能在返家途中，順著平穩的西風航行。然而，奧德賽的部下以為袋子裡裝著世俗寶藏，就打開它，結果放出了颶風。他們被一路吹回

38 伊奧利亞島（Æolia），結果埃俄羅斯拒絕再幫他們一次。*A Voyage to the North, containing an Account of the Sea Coasts and Mines of Norway, the Danish, Swedish, and Muscovite Laplands, Borandia, Siberia, Samojedia, Zembla and Iceland; with some very curious Remarks on the Norwegians, Laplanders, Russians, Poles, Circassians, Cossacks and other Nations*。摘錄自一名任職於北海公司哥本哈根辦事處（North-Sea Company）的男士航海日誌，以及一名在俄國陸軍服役多年、最後遭流放到西伯利亞的法國男子回憶錄（最初約在一六七七年左右出版）。收錄於：*John Harris Collection of Voyages and Travel*. Bind ii: Navigantium atque Itinerantium Bibliotheca (London), 1744。

39 這條資訊係摘錄自：Opplysningen er hentet fra Arne Lie Christensen: *Det norske landskapet*. Pax, 2002, s. 75。

40 地球上的所有水分，並非完全來自於外太空。由於隕星所產生水分的化學性質與其他水有些許不同，我們因此得知了此一事實。其氫氣係由較重的同位素所構成。我們在地球上的水，僅有一半來自於撞擊地表的彗星與其他天體。剩餘部分則可能來自地球初始形成時的材質。換句話說，地表大部分的水存在已超過四十五億年之久。

41 Robert Kunzig: *Mapping the Deep*. Kapittel 1, «Space and the Ocean», Sort of Books, 2000.

42 據推估，宇宙中大約存在五千億個星系，每個銀河系各包括數十億、甚至數兆個星球。紐西蘭奧克蘭大學（University of Auckland）的天文學家借助新科技，在二〇一三年將銀河系中「與地球類似」星體的數量再向上更新。舊的估計數字為一百七十億；新的估計數字則是舊數字的五倍多（一千億個）。

43 美國太空總署和該項目中與其合作的研究團隊在四年內，分析了從克卜勒（Kepler）太空望遠鏡取得的數據。他們尋找一顆繞行太陽的行星，兩者之間的距離使該行星可能適宜人居。目前為止，最接近地球特徵的行星位於天琴座（Lyren），距離我們身處的太陽系有一千四百光年，被取名為克卜勒 452b。

44 關於這段期間挪威燈塔興建的歷史與故事，以及莫克家族在其中所扮演的角色，下列文獻有詳盡的描述：Jostein Nerbøviks *Holmgang med havet. 1838–1914*. Volda kommune, 1997。

45 *Ny Illustreret Tidende*, Kristiania 26. juni 1881, nr. 26, s. 1–2.

46 Christoph Ransmayr: *Isens og mørkets redsler*. Gyldendal, 1984, s. 110.

47 Gunnar Isachsen: «Fra Ishavet». *Særtrykk av Det norske geografiske selskabs årbok 1916–1919*, s. 198.

48 Jostein Nerbøvik（同註44），頁三一二。

49 http://da2.uib.no/cgi-win/WebBok.exe?slag=lesbok&bokid=ttl04。挪威黛拉娜（Dalane）燈塔博物館的佛羅德·佩斯克（Frode Pilskog）主任為我提供說明時，將偉格視為史柯洛瓦島燈塔的建立者，並寄給我經偉格簽署的原始製圖稿影印件。

50 本引言摘自亞歷山大·基爾蘭（Alexander Kielland）所著小說《卡爾曼與伏爾塞》（*Garman & Worse*）。原書在一八八〇年於挪威出版。

51 Bjørn Tore Pedersen: *Lofotfisket*. Pax, 2013, s. 109.

52 由M. Strøksnes根據該書瑞典文翻譯至挪威文（該書原著為拉丁文）。《北歐民族史》（*Historia om de Nordiska Folken*. Michaelisgillet & Gidlunds förlag, 2010）。

53 這則故事的出處，乃是來自於一位名叫吉拉都斯·坎布仁斯（Giraldus Cambrensis，一一四六—一二二三）的威爾斯神職人員。他曾見過愛爾蘭海邊果樹的果實中，孵化出活生生的小鴨。

54 在亞克丁海戰（slaget ved Actium）中，這種生物就曾抓住安東尼（Antonius）的指揮艦。這是屋大維（也就是後來的奧古斯都）很快能夠攻擊安東尼艦隊的原因。另一次，這種生物則捉住另一艘配置四百名划槳手的戰船。此外，若吞下船隻的托座，會讓海怪有生命危險。Magnus, O.，第二十一部，第三十二章。

55 Joseph Nigg: *Sea Monsters. The Lore and Legacy of Olaus Magnus's Marine Map*. Ivy Press, 2013.

56 Magnus, O.（同註52），第二十一部，第四十一章。

57 同上：第二十一部，第五章，頁九八七—八八。

58 同上：第二十一部，第三十五章。

59 也許，奧盧斯・馬格努斯從挪威漁民口中所聽聞的這條「挪威大海蛇」或海龍，靈感得自北歐神話中的彌得加特（Midgarðsormr）海蛇。根據北歐神話，主神奧丁將彌得加特大蛇扔出屬於阿薩神族（Æsir）地界的阿斯嘉特（Åsgård）。在海底，這條蛇長得如此碩大，最後就像早期希臘神話的河神俄刻阿諾斯一樣，圍繞了整個世界。雷神索爾（Tor）某次外出釣魚，這條巨蛇就上了鉤。根據〈老埃達〉（Den eldre Edda）詩歌，象徵末日的諸神的黃昏（Ragnarök）決戰爆發時，索爾和巨蛇會進行一場巨人之戰，雙方將同歸於盡。

60 Erik Pontoppidan。完整標題為：*Det første Forsøg paa Norges Naturlige Historie, forestillende Dette Kongerigets Luft, Grund, Fjelde, Vande, Vækster, Metaller, Mineraler, Steen-Arter, Dyr, Fugle, Fiske, og omsider Indbyggernes Naturel, samt Sædvaner og Levemaade. Oplyst med Kobberstykker. Den vise og almægtige Skaber til Ære, såvel som Hans fornuftige Creature til videre Eftertankes Anledning. Bind ii*, København, 1753 (Faksimileutgave, København, 1977), s. 318–340。

61 同上：頁三四三。

62 作者身分不詳，著於十三世紀中葉的《國王之鏡》（*Kongespeilet*），被視為挪威在中世紀時期最重要、最具代表性的文獻記錄。書中，一名父親告訴其子存在於世界上的萬物。父親說：在格陵蘭外海，棲息著美人魚和海中巨怪，稱為havstramb（也就是「海人」）。「每次，這怪物一被發現，人們幾乎都可以確信海面上不久後就會出現風暴……要是牠轉向船，想往船上鑽，人們幾乎可以完全確定風暴即將來臨。然而，如果牠們游離船身、轉往其他方向，那就意味著即使水手在風高浪急、天候惡劣時出海，他們還是很有希望全身而退的。」*De norske Bokklubbene*, 2000, s. 52–53。

63 Pontoppidan（同註60），第二卷，頁三一七。

64 Bjørn Tore Pedersen（同註51），頁一〇九—一〇。

65 A.C. Oudemans: *The Great Sea-Serpent. An Historical and Critical Treatise*. Leiden/London, 1892.

66 Olaus Magnus（同註52），第二十一部，第三十四章。

67 如果我們用不同的符號標示五個箱子，你把一隻螃蟹藏在其中一個箱子裡，烏賊很快就能意識到哪一個符號代表螃蟹。如果我們把螃蟹放在另一個箱子裡，烏賊會察覺代表螃蟹的符號改變了。Wendy Williams: *Kraken: The Curious, Exciting, and Slightly Disturbing Science of Squid.* Abrams, 2010, s. 154–158。

68 *National Post*, 02.11.2003. Scott Stinson, "Skipper Uses Knife to Kill 600-Kilo Shark."

69 Eivind Berggrav: *Spenningens land.* Aschehoug, 1937, s. 36–37.

70 Mark Kurlansky: *Torsk. En biografi om fisken som forandret verden.* J.M. Stenersens Forlag, 2000, s. 50–51.

71 Richard Ellis: *The Great Sperm Whale: A Natural History of the Ocean's Most Magnificent and Mysterious Creature.* University Press of Kansas, 2011, s. 123–125.

72 俄國漁民認為，俄羅斯西北部外海的震波炸測，使他們在一九七〇與八〇年代的鱈魚漁獲毀於一旦。挪威近海漁民則努力阻止震測船進入他們的漁場，但最後遭到挪威海巡署強制登船並驅離。石油公司出資贊助震波炸測，當漁民挺身抗議時，甚至動用挪威海巡署與國防部作為保鑣開路。政府機關先前其實已經決議，該處海域不應開放石油開採作業。

73 Frank A. Jenssen: *Torsk. Fisken som skapte Norge.* Kagge forlag, 2012, s. 52–53.

74 Philip Hoare（同註23），頁三四。

75 史柯洛瓦島總計有兩首民謠。其中一首為威廉·「維勒」·派德森（Wilhelm "Ville" Pedersen）於一九五〇年左右所寫成，標題就叫〈史柯洛瓦之歌〉（Skrova-sangen）。這首歌，應可被視為官方版的史柯洛瓦民謠。另一首的標題為〈看那閃耀的史柯洛瓦島燈塔〉（Se Skrova-fyret blinker），由赫雷夫·彼德·里斯博（Herleif Peder Risbøl）作於一九四九年，最初被當地青少年育樂中心作為滑稽劇的配樂傳唱。

76 Olaus Magnus（同註52），第二十一部，第二章，頁九八四。

77 Johan Hjort: *Fiskeri og Hvalfangst i det nordlige Norge.* John Griegs forlag, 1902, s. 68.

78 日後，尤漢·約特還跟參與過英國皇家海軍挑戰者號，第一次傳奇性大規模深海探險的傑出英國海洋學家約翰・穆雷（John Murray）合作。這艘帆船於一八七二年離開樸茨茅斯港（Portsmouth），在四年內繞行世界各大洋。在這趟航程期間，他們發現了超過四千個新物種。一九一〇年，約特與穆雷搭乘蒸氣船麥可沙斯號（Michael Sars）出海探險。他們從北大西洋起程，駛抵非洲海岸。約特與穆雷發現了棲息在深海超過一百多個動物界新物種，並觀察到棲息在深海的魚類與其他生物，經常藉由化學物質與細菌（生物發光〔bioluminescens〕），產生光線。他們在一九一二年出版的《深海》（*The Depths of the Ocean*）一書中，描述了這些發現。該書的挪威文版與英文版同時出版。Sir John Murray og Dr. Johan Hjort: *Atlanterhavet. Fra overflaten til havdypets mørke. Efter undersøkelser med dampskipet «Michael Sars»*. Aschehoug, 1912.

79 海洋生物學家達格・L・阿克斯內斯（Dag L. Aksnes）曾研究過這個現象，並主導名稱為「海岸水質深化導致優養化症狀」（Coastal water darkening causes eutrophication symptoms）的研究專案。研究內容的普及化版本見於：*Naturen*, Dag L. Aksnes: «Mørkere kystvann?». Nr. 3, 2015, s. 125–132。

80 Per Robert Flood: *Livet i dypets skjulte univers*. Skald forlag, 2014, s. 59.

81 http://onlinelibrary.wiley.com/doi/10.1002/2014GL062782/abstract?campaign=wlytk-41855.6211458333

82 Sigri Skjegstad Lockert, *Havsvelget i nord. Moskstraumen gjennem årtusener*, Orkana akademisk, 2011, p. 111.

83 Edgar Allen Poe, "A Descent into the Maelström," in *Poetry, Tales, & Selected Essays*, The Library of America, 1996.

84 Jules Verne: *En verdensomseiling under havet*. De norske Bokklubbene, 1968, s. 204.

85 Christian Lydersen og Kit M. Kovacs: «Haiforskning på Svalbard» i *Polarboken 2011–2012*, Norsk polarklubb, 2012, s. 5–14.

86 Werner Herzog，「明尼蘇達宣言」（The Minnesota Declaration）。「明尼蘇達宣言」乃是韋納・荷索在一九九九年於沃克藝術中心（Walker Art Center）的一次演說。

87 Donovan Hohn, *Moby-Duck: The True Story of 28,800 Bath Toys Lost at Sea*, Viking, 2011.

88 *The Guardian*, 08 March 2013.

89 最近，挪威漁業部才剛針對北特倫德拉格地區外海，發布一條備受爭議的許可令。《漁業報》（*FiskeribladetFiskaren*）：二〇一五年六月十七日，頁五。

90 Gustav Peter Blom: *Bemærkninger paa en Reise i Nordlandene og ig jennem Lapland til Stockholm i Aaret 1827*. R. Hviids Forlag, 1832 (2. opplag), s. 77–78.

91 Svein Skotheim: *Keiser Wilhelm i Norge*. Spartacus, 2001, s. 168.

92 此處從烏雪主教到現代，關於地球年齡與人們為證實地球年齡所做種種努力的相關資訊，係摘自於：馬丁・J・S・路德維克（Martin J. S. Rudwick）由芝加哥大學出版社在二〇一四年所出版的卓越作品《地球的深遠歷史：如何發現，以及如此重要的原因》（*Earth's Deep History: How It Was Discovered and Why It Matters*）。

93 Ramberg, Bryhni, Nøttvedt, and Ranges (eds.), *Landet blir til. Norges geologi*, Norsk Geologisk Forening, 2013 (2. utgave), s. 89–90.

94 Roy Jacobsen: *De usynlige*. Cappelen Damm, 2013, s. 97.

95 http://www.lincoln.ac.uk/news/2013/05/691.asp

96 James Joyce: *Ulysses*. Oversatt av Olav Angell. Den norske Bokklubben, 1993, s. 44.

97 〈奧拉夫・特里格瓦松的故事〉（Olav Tryggvasons saga）。摘錄自《挪威國王家族故事集》（*Norges kongesagaer*）。由霍茲馬克（Anne Holtsmark）與塞普（Didrik Arup Seip）翻譯，Gyldendal (Den norske Bokklubben)，1979。

98 Elizabeth Kolbert, *The Sixth Extinction. An Unnatural History*, Henry Holt, 2014.

99 關於該主題最新的研究報告，出版並刊登於：〈由現代人類所加速導致的物種絕跡：進入第六次大滅絕〉（Accelerated modern human-induced species losses: Entering the sixth mass extinction）。《科學演進》（*Science Advances*）：二〇一五年六月十九日。

100 Tim Flannery, *The Weather Makers. How Man is Changing the Climate and What It Means for Life on Earth*, New Atlantic Press, 2005。當海水暖化時，它將熱量輸送、分配到水柱下方較深處的能力也遭到破壞。海水的混合層、躍溫層及深層差異變大，它們之間的物質交換、代謝也減少。暖水無法送達海水深層，這將會使海水表層的溫度繼續增加。五千五百萬年前，整個海洋變得如此暖熱，以至於僅能生存在冷水區的所有深海生物（格陵蘭鯊就是個顯著的例子）幾乎全數滅絕。

101 Neil Shubin, *Your Inner Fish: A Journey into the 3.5-billion-year History of the Human Body*, Pantheon Books, 2008.

102 Dante Alighieri: *Den guddommelige komedie*. Sang 26.

103 *Andøyposten*, 3. juli 2006.

104 Juliet Eilperin（同註3）。

105 摘自《約伯記》。

國家圖書館出版品預行編目(CIP)資料

四百歲的睡鯊與深藍色的節奏：在四季的海洋上，從小艇捕捉鯊魚的大冒險 / 摩頓．史托克奈斯(Morten Stroksnes)著；郭騰堅譯. -- 初版. -- 臺北市：網路與書出版：大塊文化發行，2017.05
304面；14.8*20公分. -- (For2；31)
譯自：Havboka
ISBN 978-986-6841-86-6(平裝)

1. 鯊 2. 通俗作品 3. 挪威

388.591　　　　106005549